中小流域设计暴雨洪水计算

赵玲玲　刘昌明　徐　飞　冯德锃　著

科学出版社

北京

内 容 简 介

本书围绕全球环境变化下中小流域设计暴雨洪水计算面临的问题,基于室内和野外人工控制实验探讨了暴雨洪水产汇流过程机制及产汇流模拟中下垫面参数化方法,检验了典型中小流域设计暴雨洪水同频率假定;识别了暴雨洪水形成过程中影响同频率假定的关键环境要素,探讨了环境变化下中小流域暴雨洪水产汇流过程与同频率假定作用机制;阐述了中小流域暴雨洪水参数的外延和移用规律,以及暴雨洪水参数与雨强、流域地形、地貌及土地利用覆被等地理要素的关系。

本书可供水文水资源及资源环境相关领域的科研人员、高校师生,以及从事水文计算和流域水灾害管理的技术人员参阅。

图书在版编目(CIP)数据

中小流域设计暴雨洪水计算 / 赵玲玲等著. —北京:科学出版社,2023.12
ISBN 978-7-03-076712-7

Ⅰ. ①中… Ⅱ. ①赵… Ⅲ. ①流域－设计洪水－暴雨洪水－计算方法 Ⅳ. ①P333.2

中国国家版本馆 CIP 数据核字(2023)第 197779 号

责任编辑:郭勇斌 彭婧煜 常诗尧 / 责任校对:高辰雷
责任印制:赵 博 / 封面设计:义和文创

科 学 出 版 社 出版

北京东黄城根北街 16 号
邮政编码:100717
http://www.sciencep.com

中煤(北京)印务有限公司印刷
科学出版社发行 各地新华书店经销

*

2023 年 12 月第 一 版 开本:720×1000 1/16
2024 年 10 月第二次印刷 印张:13 1/4 插页:6
字数:264 000
定价:119.00 元
(如有印装质量问题,我社负责调换)

前　言

洪涝灾害是我国最严重的自然灾害之一，洪涝灾害损失 70%以上发生在中小流域，设计暴雨洪水是防洪减灾工程措施和非工程措施规划设计管理的基础。在全球环境变化背景下，洪涝灾害日益频繁，且加剧中小流域产汇流演变的非一致性。因此，探索中小流域暴雨洪水响应过程和及其演变规律是当今中小流域设计暴雨洪水计算的关键。

本书围绕中小流域设计暴雨洪水计算方法、参数综合及同频率假定三个方面，阐述下列 6 个方面的研究成果：①中小流域设计暴雨洪水计算方法及其适用性；②设计暴雨计算方法；③中小流域暴雨洪水产汇流机制及参数化；④设计洪水计算方法；⑤设计暴雨洪水同频率假定检验、⑥设计暴雨洪水产汇流参数计算及综合。

本书第 1 章综述了全国各地当前中小流域暴雨洪水计算方法和参数成果；气候变化对不同气候区影响不同和各地社会经济发展对下垫面改变程度不同，针对全国各地暴雨洪水特性变化差异，讨论现有计算方法和采用的参数存在的不适应性和不确定性。第 2 章评述了中小流域暴雨洪水计算相关研究，暴雨的时空过程刻画是计算的一个难点。第 3 章接着针对设计暴雨计算方法中暴雨选样、点面关系、暴雨雨型和强度公式展开系列阐述。第 4 章围绕暴雨洪水产汇流机制，开展控制降水的野外实验和实测场次的产汇流过程研究，揭示华南强降水地区中小流域暴雨洪水产汇流规律，并对其过程模拟中的参数化方法进行探讨。第 5 章对中小流域设计洪水计算方法进行评述，从推理公式法、综合单位线法到各地采用不同方法的查算图表进行分析。第 6 章对设计暴雨推求设计洪水的同频率假定进行检验，并对其作用机制进行阐述。第 7 章对中小流域设计暴雨洪水中产流参数和汇流参数计算方法进行评述，对推理公式法、综合单位线法、瞬时单位线法及经验方法中的参数从单点计算到流域综合方法进行横向比较分析。

随着全国暴雨洪水数据的积累，大数据处理技术不断提高，基于机器学习的数据挖掘技术在暴雨洪水形成机制、暴雨洪水特征变化的诊断和界定、暴雨洪水特征的挖掘提取和新表达等方面展现了广阔的应用前景；同时高精度下垫面数据的普及，下垫面精细化表述，微地形地貌、流域形状等更精确表达方法的研究将向更深层次推进；另外，暴雨洪水新的测定技术运用，使实时获取多种形式的暴雨资料、实时预警预报的广泛应用成为可能，实时预警预报系统将在项目和研究的理论基础上，逐渐发展到实际应用并在全国范围内得到广泛应用；在机理方面，暴雨洪水关系的挖掘和界定将得到进一步的研究。

本书基于粤港澳大湾区城市群生态系统观测研究站和粤港澳大湾区战略研究院的平台，由国家自然科学基金项目"变化环境下华南中小流域设计暴雨洪水同频率假定检验与作用机制"（41771044）和青年科学基金项目"极端降水条件下华南中小流域暴雨洪水过程对变化环境的响应"（41501046）、广东省水利科技创新重点项目"中小流域暴雨洪水参数计算方法研究"、广东省科学院发展专项（2019GDASYL-0104003）、广东省科技计划项目（2018B030324002）资助出版。

全书由赵玲玲、刘昌明、徐飞、冯德锃统稿，各章主要撰写人员：第1章，赵玲玲、刘昌明、徐飞、冯德锃；第2章，赵玲玲、徐飞、冯德锃；第3章，赵玲玲、徐飞、吴潇潇、张瑞虎；第4章，赵玲玲、陈子燊、徐飞；第5章，赵玲玲、杨默远、徐飞；第6章，赵玲玲、杨兴、徐飞；第7章，赵玲玲、陈子燊、徐飞。

在整个研究过程中，得到了广东省科学院广州地理研究所、中国科学院地理科学与资源研究所、天津大学、武汉大学、中山大学、河海大学、广东省水文局茂名水文分局、广东省水文局韶关水文分局、中水珠江规划勘测设计有限公司、珠江水利委员会珠江水利科学研究院、《热带地理》编辑部等单位和部门老师的大力支持，特此致谢！特别感谢广东省西江流域管理局总工刘建东为本书提供封面图片。

由于水平有限，本书疏漏之处在所难免，望批评指正。

作　者

2023 年 7 月

目　　录

第1章 绪 论

联合国政府间气候变化专门委员会第五次评估报告（IPCC AR5）指出，21世纪末，大部分的陆地区域可能表现出强降雨事件的频率或强度的增加。在气候变化与城市化背景下，暴雨洪水灾害损失风险加剧，给人民生命安全带来极大威胁（尹卫霞等，2016）。中小流域（流域面积小于 1000 km²）是暴雨洪水灾害的重点灾害区，据统计，一般年份中小河流的水灾害损失占全国水灾害总损失的70%~80%，2000~2010 年水灾造成的人员伤亡有 2/3 以上发生在中小河流（水利部水文局和长江水利委员会水文局，2010）。中小流域是水文单元、自然生物单元、社会经济政治单元和资源管理规划单元，中小流域综合治理的效益分析与评价是检查验收流域生态经济系统建设和可持续发展的有效手段（戴全厚等，2005）。

在进行面广量大的中小型水利水电工程规划设计时，经常遇到某一中小流域缺乏径流实测资料的情况，或者只有短期实测资料但无法展延、流域产汇流参数无法获取等情况。2003 年 7 月，针对无资料流域的水文预报研究，国际水文科学协会在第 23 届国际大地测量和地球物理学联合会大会上正式启动了一个名为 PUB（prediction in ungauged basins）的国际水文计划（Dogulu and Kentel，2017；Hrachowitz et al.，2013；刘苏峡等，2005；谈戈等，2004）。无资料地区（ungauged basins）的定义为：没有足够的水文设施来确保实际应用对一定空间尺度上的资料（降水、径流、泥沙、水质、侵蚀率等）的需求的地区（柴晓玲，2005）。PUB 地区主要研究方法为：①直接将有资料地区流域水文信息应用于无资料地区，即移植；②采用遥感卫星、雷达、无人机等方法直接获取无资料地区流域的资料；③建立具有物理机制的流域水文模型，通过利用流域物理属性减弱水文模拟对水文资料的依赖；④建立水文气象耦合模型，并在实际应用中结合使用（李红霞，2009）。

党的十八大报告指出："加大自然生态系统和环境保护力度。良好生态环境是人和社会持续发展的根本基础。"随着经济社会的发展，中小河流的治理已成为人民生产生活迫切需要解决的问题。由于我国幅员辽阔，各地的地形地貌、地质、植被与土壤、水文气象、人类活动等山洪灾害的环境影响因素差异较大，山洪灾害规律、成因和机制也都不尽相同，从而导致区域暴雨洪水灾害的防治措施也有较大差别（万小强，2016）。产汇流计算是流域降雨输入与径流输出的量化过程，是预防和解决暴雨洪水灾害的有效途径。在一定的空间尺度上，产汇流计算是一个复杂的过程,受气候因素(雨型、降雨历时、降雨强度即雨强等)和下垫面因素(地形地貌、土壤、植被等)影响(李军等,2014)。产汇流参数化方法是综合考虑当地流域下垫面特性,率定出水文特征值的经验公式(栗雪峰等,2014;苏乃友,2012)。地理综合法依据水文现象所具有的地区性和地带性分布特征,综合气候、地质、地貌、土壤、植被等自然地理要素,分析水文要素的地理分布规律,利用已有的水文资料建立地区性经验公式,绘制水文特征等值线图,可以有效地解决设计条件下参数外延(单站综合)和地区移用(地区综合)的问题(张恭肃等,1984)。

对中小流域设计暴雨计算方法进行对比分析、设计洪水计算方法进行汇总并分析其适用性、揭示设计洪水过程产流机制及参数化、设计洪水产汇流参数计算和综合、针对暴雨洪水事件开展设计暴雨洪水同频率验证、检验设计暴雨洪水同频率假定的合理性、推算暴雨洪水组合遭遇条件下的设计水平值,对于缺少部分年份资料或无资料地区暴雨洪水灾害的防治具有十分重要的现实意义。

1.1 我国洪水灾害分布及特点

1.1.1 洪水灾害时空分布

1. 洪水灾害在空间上的分布

我国洪水灾害的地域分布范围很广,除荒无人烟的高寒山区和戈壁沙漠外,全国各地都存在不同程度的洪水灾害。由于受地面条件及气候等多种因素的影响,灾情的性质和特点在地区上有很大差别。一般来说,山地丘陵区洪灾,由于洪水来势凶猛,历时短暂,破坏力很大,常常导致建筑物被毁,人畜伤亡,但受灾范围一般不大;平原地区洪灾,主要由漫溢或堤防溃决所造成,积涝时间长,受灾范围广。此外,东部地区灾害发生的频率大于西部地区,尤其是从辽东半岛、辽河中下游平原,沿燕山、太行山、伏牛山、巫山至雪峰山等一系列山脉以东地区,到南岭以南西江中下游。这些地区处于我国主要江河中下游,受西风带、热带气旋等气象因素影响,暴风雨频繁,且强度大,常发生大面积洪涝灾害。

2. 洪水灾害在季节上的分布

我国位于欧亚大陆东部,太平洋西岸,西南部距印度洋很近,地势西高东低,大部分处于中高纬地带,受地理位置、地形因素及气候的影响,全国大部分地区存在洪水灾害威胁,一年四季水灾害皆可发生。冬季,北方地区冰凌洪水引发的灾害主要发生在黄河干流宁蒙以下河段及松花江哈尔滨以下河段。在封冻期和解冻期,大量冰凌阻塞,形成冰塞或冰坝,致使水位壅高,漫溢堤防,形成洪灾。在南方有些地区也可能发生洪灾。如 1982 年 11 月下旬，浙江东部沿海地区发生了严重的洪灾，但这种情况较为少见。春季，主要是华南地区前汛期暴雨引发的洪灾，西部地区则会出现融雪洪水造成的洪灾。夏、秋季，是一年之中发生洪灾最多的季节，并且洪灾范围广、历时长、灾情重，七大江河重大洪涝灾害均发生在这一时期。

1.1.2　洪水灾害统计

洪水是导致经济损失尤其农业经济损失最为严重的一种自然灾害。根据邓拓先生的研究统计，从公元前 206 年到 1911 年的 2116 年间，共发生洪水灾害 1011 次，大约平均 2 年发生一次。20 世纪，导致人员伤亡与经济损失严重的洪水灾害共有22 次，其中，半数发生在中国，参见表 1-1（洪文婷，2012）。

表 1-1　20 世纪中国重大洪水灾害事件

年份	灾害事件	损失程度	历史地位
1915 年 7 月	珠江流域洪灾	受灾农田 1 400 万亩，受灾人口 6 000 万人，死伤 10 余万人，经济损失达 3 000 万元	20 世纪少见的历时长、范围大的洪灾之一
1931 年 6～8 月	南方 8 省大水	5 127 万人受灾，1.46 亿亩农田被淹，死亡约 40 万人，经济损失 22.5 亿元	20 世纪以来范围最广、灾情最重的全国性大水灾
1933 年 8 月	黄河中下游大洪水	365 万人受灾，12 700 人死亡，毁房 169 万间，地 85.3 万 m^2。63 600 头牲畜死亡，财产损失 2.07 亿元	河南、山东两省自 1919 年有水文记录以来的最大洪水
1954 年	长江流域洪灾	165 万人受灾，淹没耕地 25.7 万 km^2，损失严重	长江出现的百年来罕见的流域性特大洪水
1963 年 8 月	海河大水	淹没农田 6 600 万亩，减产粮食 60 亿斤，直接经济损失 60 亿元	—
1975 年 8 月	淮河流域洪灾	29 个县、市受灾，受灾人口达 1 100 万，受灾面积达 1.2 万 km^2，直接经济损失 100 万元	—
1981 年夏	四川洪涝	138 个县受灾，2 000 万人受灾，1 358 人死亡，14 509 人受伤，直接经济损失 25 亿元	新中国成立以来少有的一次特大地区性洪涝灾害
1991 年春夏	华东地区洪水	受灾人口达 1 亿以上，被毁农田 2.3 亿亩，死亡人数达 1 200 人，伤残 2.5 万人，冲毁房屋数万间，直接经济损失达 700 亿元	暴雨时间长，灾害面积大，后果严重，百年少见
1991 年 5～7 月	江淮特大洪涝	受灾农田 9.2 万 hm^2，倒塌房屋 200 余万间，死亡 801 人，伤 14 478 人，直接经济损失 400 亿元以上	—
1995 年 6 月	山西水灾	24 人死亡，95 人受伤，房屋损毁 113 万间，40 余万人无家可归，经济损失达 26.1 亿元	—
1998 年 6～8 月	长江、松花江、珠江、闽江大洪灾	农田受灾面积 3.34 亿亩，死亡 4 150 人，倒塌房屋 685 万间，直接经济损失 2 551 亿元	长江洪水为 20 世纪第二位全流域型大洪水；松花江洪水为 20 世纪第一位大洪水；珠江流域的西江洪水为 20 世纪第二位大洪水；闽江洪水为 20 世纪最大洪水

1.1.3 致灾原因

洪水灾害有经济社会和自然地理的双重属性，具体表现为它的形成与发展主要受降雨因素、地质地貌因素及经济社会因素。

1. 降雨因素

降雨因素是诱发洪水灾害的直接因素。降雨量、降雨强度、降雨历时和降雨时空分布共同作用了洪水灾害的发生。

1）降雨量

降雨量大在多数情况下意味着降雨强度（简称雨强）高，在一定的下垫面条件下，容易产生河流洪水灾害、滑坡灾害和积水等情况。

2）降雨强度

高强度的降雨是引发洪水灾害的主要原因之一。河流洪水灾害的发生主要是强降雨迅速汇聚成强大的地表径流引起的。

3）降雨历时

在相同的降雨强度下，降雨历时越长，灾害的规模和程度越大，也意味着有更多的降雨量。

4）降雨时空分布

降雨时空分布即为降雨的时间分布和空间分布，时间分布决定雨峰在时间上的位置，空间分布决定雨强在空间上的位置。这两点均影响着洪水在流域的汇集情况、洪峰出现的时间等。

2. 地质地貌因素

地质地貌因素是引发洪水灾害的物质基础和潜在条件，影响着洪水灾害的特性和规模。

1）地貌类型

在山洪灾害形成的基本条件中，地貌条件是相对稳定的，变化也较为缓慢。山峰海拔较高，暖湿空气在运动中遇到山岭后会沿着山坡上升，水汽在上升过程中由于温度的降低而凝结成云并最终形成地形雨。地形雨多降落在山坡的迎风面，而且往往发生在比较固定的高度和地点，因此山丘区的暴雨大于平原，为山洪灾害的形成提供了充足的水源。

2）地面起伏

山洪灾害受地面起伏的影响主要表现在两个方面：一是为河流洪水灾害、泥石流灾害的产生提供了势能条件；二是为滑坡灾害、泥石流灾害提供充足的固体物质条件和滑动条件。

3）地质岩性

地质岩性条件也是洪水灾害的重要影响因素，不同岩性影响着下垫面集水情况。

3. 经济社会因素

随着社会经济的发展，人类活动逐步向广度和深度发展。铁路公路的铺设、大中小水坝的建立、森林集中砍伐、城市下垫面条件等，人类活动不断地改变着自然环境，影响了流域下垫面条件，改变了流域蒸发、下渗、径流等水文特征，从而改变了流域水文循环过程，促使水文特征发生了变化。而水文特征的变化又会使得水文分析计算产生误差，分析出的水文规律与实际不符，严重影响流域水资源的开发利用，这些改变都在影响着地表原有的结构，影响着洪水灾害的发生。

1.2 广东省洪水灾害分布及特点

1.2.1 灾害时空分布

广东省暴雨分布具有明显的季节特征。全年均有可能出现暴雨，但以 4～9 月汛期比较集中，占全年的 85% 以上，非汛期（10 月至翌年 3 月）特别是 11 月至翌年 2 月出现暴雨的概率很小。广东省北部和南部部分站点分布以前汛期（4～6 月）、后汛期（7～9 月）暴雨为多，年内分布为单峰型，峰值分别为 5～6 月和 8 月，全省平均总暴雨日数年内分布呈双峰型特征，峰值分别在前汛期 5～6 月和后汛期的 8 月。暴雨分布在时间上为从北向南推进的过程，北部地区开始和结束均较南部早（叶长青等，2012）。

例如，2010 年 9 月 21 日受台风"凡亚比"影响，曹江上游出现了超过 200 年一遇的洪水，马贵站 12 h 雨量达 677 mm，日降水达到 829.7 mm，达 1000 年一遇，为稀遇暴雨；2013 年 8 月 14 日受台风"尤特"影响，袂花江上游利垌站 3 h 雨量达 301 mm，24 h 雨量 610 mm（于琦等，2016）；1994 年 6 月 8～18 日，西江、北江流域出现的大面积大暴雨、局部特大暴雨情况，导致该流域出现大规模的洪涝灾害，严重的灾害致使 424 万人受灾，洪水直接造成经济损失高达 102.3 亿元。诸如此类的大暴雨和特大暴雨给广东省带来严重灾害，制约了广东经济社会的发展，因此，开展中小流域设计暴雨洪水计算研究至关重要。

1.2.2　灾害统计

广东地处低纬,濒临南海,暴雨洪水频繁,24 h 最大降雨量可达 800～900 mm。洪涝灾害造成的损失巨大。

1959 年 6 月,东江流域大洪水,淹没农田 15.93 万 hm²,死亡 78 人。

1982 年 5 月,北江流域发生特大洪水,清远 24 h 最大暴雨量达 640.6 mm。韶关、肇庆两地区共倒塌房屋 16 万间,死亡 493 人,直接经济损失约 4.4 亿元。

1994 年 6～7 月,北江、西江流域连续两次特大暴雨洪水,共 21 市、72 县(次)受灾,倒塌房屋 56 万间,死亡 245 人,直接经济损失 170 亿元。

1997 年 5 月上旬,北江流域受罕见暴雨洪水袭击,广州、清远、韶关共死亡 112 人,直接经济损失 10.3 亿元。

1998 年 6 月中下旬,西江、北江流域及粤西部分地区发生特大暴雨洪涝,23～25 日,阳春市暴雨中心地区降雨达 1200～1300 mm,西江洪水达百年一遇。全省死亡 94 人,直接经济损失 51.6 亿元。

2005 年 6 月 18～25 日,全省出现特大致洪暴雨,西江、东江、北江、韩江及东南沿海大小河流均发生洪水,西江洪水超百年一遇。443 万人受灾,65 人死亡,倒塌房屋 40 多万间,直接经济损失 49.7 亿元。

2008 年 5 月下旬至 6 月中旬,广东省出现自新中国成立至当时最严重的"龙舟水",全省平均雨量 626 mm,较常年同期多 1 倍,为历史同期最多。全省直接经济损失 64.5 亿元,死亡 33 人。

据《高州县志》《高州市水利志》《广东省洪水调查资料》记载,历史上发生山洪灾害 22 起,死亡人数 229 人,直接经济损失约 37.77 亿元。典型灾害描述如下。

1954 年 4 月 21～27 日,高州县(现高州市)七天降雨量 242.3 mm,而 4 月 25～27 日三天就降水 214.6 mm。重灾区有 6 个区共 61 个乡,受浸面积 27 万亩,冲毁不少水利设施,如河堤、桥梁等,房屋倒塌,死伤 34 人。政府组织干部、学校师生参加救灾,发放救济款 10 多万元,各种货款 30 多万元,帮助灾区群众,度过灾荒,重建家园。

1972 年 11 月 8 日,高州县东北部山区出现短期突发性大暴雨,降雨 120～230 mm。马贵镇厚元村降 400 mm 特大暴雨,冲垮厚元小学,师生死亡 64 人,其他地方死亡 12 人,伤 23 人。

1976 年 7 月 22～23 日,高州县两天降雨 290～500 mm,根子镇达 695 mm。鉴江水位暴涨,高达 31.76 m,不少村宅民窖被冲毁,是历史罕见大水灾。灾情严重,损失巨大。

1981 年 9 月 28 日至 10 月 9 日，持续降雨 11 天，总降雨量达 1089 mm。山洪暴发，江河水位急剧上涨，高城水位达 31.8 m，鉴江流量达 2580 m^3/s，损失巨大。

1987 年 6 月 4~6 日，高州县 3 天降雨 525.7 mm，其中，6 月 5 日降雨 270.1 mm，高州县水文站实测最大洪峰流量 3270 m^3/s，高州城区普遍受淹达 3.5~5.0 m，下游决堤的堤段达 22 km，受灾范围达 27 个镇，3482 个自然村，83 407 户，36.98 万人，倒塌民屋 120 085 间。受浸农田面积 40.12 万亩，受毁桥梁 185 座，公路 4250 段共 53.46 km。

2010 年 9 月 21 日，受台风"凡亚比"环流影响，雨带覆盖高州市的马贵镇，以及阳春市、信宜市等地部分地区。马贵雨量站最大 12 h 雨量 677 mm，重现期达 1000 年一遇；大拜水文站洪峰流量 3740 m^3/s，为超 200 年一遇的洪水。超强降雨最后造成了高州市曹江"9·21"特大山洪、泥石流灾害。特大洪水造成高州市 7 个乡镇受灾，全市受灾人口 16.7 万人，死亡 73 人，失踪 1 人，受伤 280 人，其中重伤 8 人，转移人口 25 752 人，倒塌房屋 5794 间，其中全崩户 1780 户，房屋损失 1.15 亿元，全市直接经济损失 21.77 亿元。

1.2.3 致灾原因

1. 气候因素

广东省地处中国大陆南部，受亚热带季风气候的影响，中小尺度天气系统十分活跃，强烈的水汽、热力及动力条件，使其形成不同于内陆的独特的暴雨特点。相比于内陆，广东的降雨系统还存在强度大、季节性强、时间短、范围小、致灾性重等特点。20 世纪 90 年代以来，区域性 20 年一遇洪水灾害频发，50 年甚至 100 年一遇洪水也十分频繁（叶长青等，2012）。

2. 地理位置因素

广东省地形地貌因素也是重要的致灾原因，加之广东处于亚热带多雨地区，濒临南海，为台风暴潮登陆地区。

3. 水利工程建设

大兴水利工程建设，重视筑水库蓄洪、发电，而忽视治河泄洪工作和水土保持。"人造平原"、矿渣处理不当、滥伐森林、人为地破坏水土保持等，大大地增加了泥沙入河，使河床日益淤高，导致洪水水位提高（麦蕴瑜，1995）。

1.3   合理设计暴雨洪水是灾害防治的基础

环境变化改变了水文序列的平稳性，使中小流域设计暴雨洪水方法理论基础改变的同时下垫面也发生了改变。另外，技术的进步推动观测技术水平提高，推动设计暴雨洪水方法的改进和提高。建立完善的中小流域暴雨洪水防灾系统，是提高中小流域防灾减灾能力、保障人民群众生命财产安全的基本要求，是促进中小流域健康发展、建设生态文明社会的重要内容。基于历史降雨记录资料，采用数理分析方法，科学表达设计暴雨洪水方法是一项关键的基础性工作。

在对设计暴雨洪水进行研究之前，有必要对设计暴雨、设计洪水的概念及作用和意义做一下介绍。

1.3.1   设计概念

1. 设计暴雨

设计暴雨为防洪等工程设计拟定的，符合指定防洪设计标准的、当地可能出现的暴雨。设计暴雨计算的主要内容有：各历时的设计点暴雨量、设计面暴雨量（以面平均雨深计）、设计暴雨的时程分配、设计暴雨的面分布和分期设计暴雨等。

2. 设计洪水

设计洪水为防洪等工程设计拟定的，符合指定防洪设计标准的，当地可能出现的洪水。设计洪水的内容包括设计洪峰、不同时段的设计洪量（洪水总量）、设计洪水过程线、设计洪水的地区组成和分期设计洪水等，可根据工程特点和设计要求计算其全部或部分内容。

1.3.2   设计作用和意义

设计暴雨主要用于推求设计洪水。设计洪水包括水工建筑物正常运用条件下的设计洪水和非正常运用条件下的校核洪水，是估计水工建筑物抗御洪水能力和各种工程与非工程措施防洪效益的首要依据，是按照国家规定的防洪标准和通过分析计算当地水文气象资料确定的。设计洪水计算的内容包括：年最大洪水的特征值、设计洪水过程线、施工设计洪水、入库洪水及设计洪水地区组成等，是保证工程安全的最重要的设计依据之一。

参 考 文 献

柴晓玲, 2005. 无资料地区水文分析与计算研究[D]. 武汉: 武汉大学.

戴全厚, 刘国彬, 刘明义, 等, 2005. 小流域生态经济系统可持续发展评价: 以东北低山丘陵区黑牛河小流域为例[J]. 地理学报, 60 (2): 209-218.

洪文婷, 2012. 洪水灾害风险管理制度研究[D]. 武汉: 武汉大学.

李红霞, 2009. 无径流资料流域的水文预报研究[D]. 大连: 大连理工大学.

李军, 刘昌明, 王中根, 等, 2014. 现行普适降水入渗产流模型的比较研究: SCS 与 LCM[J]. 地理学报, 69 (7): 926-932.

栗雪峰, 张泽中, 高同喜, 等, 2014. 云首水库设计年径流计算[J]. 华北水利水电大学学报 (自然科学版), 35 (3): 15-18.

刘苏峡, 夏军, 莫兴国, 2005. 无资料流域水文预报 (PUB 计划) 研究进展[J]. 水利水电技术, 36 (2): 9-12.

麦蕴瑜, 1995. 广东水灾的原因和根治方法[J]. 人民珠江, 4 (2): 1-2.

水利部水文局, 长江水利委员会水文局, 2010. 水文情报预报技术手册[M]. 北京: 中国水利水电出版社.

苏乃友, 2012. 年径流变差系数 C_{VR} 经验公式及其参数的地理综合[J]. 南水北调与水利科技, 10 (2): 107-109, 119.

谈戈, 夏军, 李新, 2004. 无资料地区水文预报研究的方法与出路[J]. 冰川冻土, 26 (2): 192-196.

万小强, 2016. 江西省小流域典型防治区山洪灾害成因分析及对策研究[D]. 南昌: 南昌大学.

叶长青, 陈晓宏, 张家鸣, 等, 2012. 变化环境下北江流域水文极值演变特征、成因及影响[J]. 自然资源学报, 27 (12): 2102-2112.

尹卫霞, 余瀚, 崔淑娟, 等, 2016. 暴雨洪水灾害人口损失评估方法研究进展[J]. 地理科学进展, 35 (2): 148-158.

于琦, 赵玲玲, 熊晨晓, 等, 2016. 曹江中上游流域水文要素的气候变化特征[J]. 人民珠江, 37 (12): 1-7.

张恭肃, 周天麟, 钮泽宸, 1984. 特小流域 (小于 50 平方公里) 洪水参数分析[J]. 水文 (6): 16-23, 58.

Dogulu N, Kentel E, 2017. Clustering of hydrological data: A review of methods for runoff predictions in ungauged basins[C]//EGU General Assembly Conference, Vienna, 12005.

Hrachowitz M, Savenije H H G, Blöschl G, et al., 2013. A decade of predictions in ungauged basins (PUB): A review[J]. Hydrological Sciences Journal, 58 (6): 1198-1255.

第 2 章 中小流域设计暴雨洪水计算研究概况

2.1 中小流域的定义

中小流域是暴雨洪水灾害的重点发生区，据统计，一般年份中全国水灾害总损失的 70%～80% 都为中小流域水灾害损失，2000～2010 年水灾造成的人员伤亡有 2/3 以上发生在中小流域（水利部水文局和长江水利委员会水文局，2010；黄金池，2010）。迄今为止，中小流域还没有统一的定义，通常在不同的设计需求中有其特有的流域分区（表 2-1）；水利上通常指流域面积小于 1000 km² 或河道基本上是在一个县属范围内的区域（王淑云和钟向伟，2017）。《水文情报预报技术手册》中将面积小于 1000 km² 的流域称为中小流域（水利部水文局和长江水利委员会水文局，2010）。在国土规划领域中，中小流域是以分水岭为界，以小溪为地貌特征的一个集水区域。它是一个水文单元、自然生物单元、社会经济政治单元和资源管理规划单元。从水文角度看中小流域通常具有流域汇流以坡面汇流为主、集水面积小等特性。在生态水文方面，中小流域的生态需水按流域内的不同群落划分分区，根据各分区生态样本调查后再按面积划分。

表 2-1 中小流域分区定义

分区定义	集水面积 F/km²	应用领域	文献
是以分水岭和出口断面为界形成的集水单元	<50	人类活动区域	连增蛇和董欢，2013
是指一条河流或水系的集水区域，河流从这个集水区域获得水量补给	<30	适用于社会经济发展地区	王淼，2013
一般指集水面积在 5～30 km² 的闭合集水区域	5～30	水土保持计算、水土流失治理单元	刘春元和郭索彦，1988
以分水岭为界，以小溪为地貌特征的一个集水区域	分水岭为界的集水区域	在国土规划领域中，中小流域是一个水文单元、自然生物单元、社会经济政治单元和资源管理规划单元	赵珂和夏清清，2015
流域集水面积小于或等于 200 km² 的流域	≤200	中小流域产汇流计算单元	张桂娇等，2004
由地表水或地下水的分水线所包围的集水区或汇水区	3～50	地质灾害发生的基本地形单元	侯轶攀等，2019
流域面积小于 1000 km² 或河道基本上在一个县属范围内的区域	<1000	水利计算单元	周理等，2014

2.2　中小流域设计暴雨洪水计算及参数综合国内外研究动态

关于中小流域设计暴雨洪水计算理论和方法的研究，在理论方面，著名的有1958 年水利水电科学研究院水文研究所（现为中国水利水电科学研究院水资源研究所）提出的推理公式、1960～1978 年中国科学院和地方院所合作开展的小流域暴雨洪峰流量计算和对单位线的地区综合研究。王广德和吴凯（1981）给出了单位线峰量和单位线滞时与净雨量的非线性关系，并推导出适用于北方地区和南方地区的单位线一阶矩阵与主河槽长度、坡度和糙率的不同的线性关系。1980 年以来水利部、地方部门和各高校开展了地区单位线综合，基本上做到了每一条河流都有公式和参数可查，每个省（自治市、直辖区）都提出了有各自特色的单位线参数，并收录在各省（自治市、直辖区）的水利水文部门的水文手册中。这些成果近年来被用于进行包括无资料流域的大尺度流域的水文模拟和研究气候变化的响应及确定单位线。陈家琦和张恭肃（1966）系统叙述了推理公式法。随后各地在应用推理公式法时又提出从实测资料反求推理公式中的参数，进一步丰富了推理公式中的内容。陈家琦和张肃恭（1985）又对推理公式法进行了详细的叙述，在汇流参数 m 的地区综合过程中，点绘 $\theta\text{-}m$ 时往往会出现点群分散现象，之前一直被认为是 m 的分析误差所致。冷荣梅（2000）认为洪水特性应有一定的地区分布规律，但分区综合关系不能反映 m 的地区差异及渐变规律，由此提出了 $\theta\text{-}m$ 关系式中模系数 c 的概念，通过建立地区 θ 等值线图反映 m 的地区分布规律。何书会和杨慧英（1997）通过河北省某小河测站实测雨洪资料分析，建立并点绘最大流量 Q_m 与 m 或净雨深 h 与 m 的关系，发现在 Q_m 或 h 达到一定量级后，m 将趋于稳定，m 的稳定值可用作单站综合分析。但中小河流缺乏实测资料，可选取各河流洪水量级相对较大、雨洪对应关系较好的点近似代替单站分析成果，并用它代表单站做分类的地区综合分析。m 的地区综合一般采用流域特征参数 θ 与 m 相关，可直观表现出流域地理参数对汇流过程的影响，解决 m 的地理内插问题。理论方面的改变在于注重从洪水成因规律分析与地区实测暴雨洪水资料的经验结合来解答产汇流各环节提出的问题。

除推理公式法外，单位线法是计算小流域设计洪水的另一方法。单位线的概念由美国水文学家谢尔曼于 1932 年提出（Sherman，1932）。单位线是指在给定流域上，单位时段内分布均匀的单位净雨量所直接产生的径流量在流域出口断面处形成的流量过程线。洪水过程是对单位线进行倍比假定、叠加假定以及时段转换等求得。1938 年斯奈德等又通过地区的各种流域特征资料综合求得单位线，提出综合单位线法。1945 年克拉克首次提出瞬时单位线（IUH）的概念。1957～1960 年，纳希（Nash）发展了克拉克瞬时单位线的概念，建立了纳希梯级水库模型；并在 20 世纪 60 年代初，建立了英国各河流瞬时单位线参数的地区综合关系式。Dooge（1959）提出单位线的一般方程式；苏联的加里宁、米留可夫等进一步发展了 IUH。

在应用方面，20 世纪 60 年代，全国各省（自治区、直辖市）开展了大规模的水文调查和研究工作，制定了相应的水文图集、水文手册、暴雨径流查算手册等，获得了丰富的成果，为小流域地区进行简单的水文计算和预报提供了极大方便。1984 年的《暴雨径流查算图表》系统地总结了我国多年来的经验，对无实测雨洪资料地区铁路、公路、桥涵设计和中小型水利水电工程洪水计算起到了关键性的作用，也为尾矿库设计洪水计算提供了尤为重要的资料。目前，由于《暴雨径流查算图表》已被采用 30 余年，很多地方雨量和流量测站资料系列延长，有些地区还增加了新的测站，提出了更新《暴雨径流查算图表》的要求。加入这些新的资料，必将使我国无实测雨洪资料地区的水利水电工程洪水计算更加准确可靠。

地区经验公式法也常用于小流域设计洪水大小的估算。该方法旨在对某地区的暴雨洪水资料进行综合研究，建立其与流域因子或气候因子的关系，用简单的经验公式及参数来表示这种关系，再用于资料短缺地区的洪水计算。地区经验公式法最早见于 19 世纪中期，用于建立洪峰流量与流域面积的关系。当时由于水文实测资料十分短缺，设计频率的概念尚未形成。随后世界各国在建立地区经验公式方面做了许多探索，赋予了地区经验公式新的形式和内容。为了修建水库、桥梁和涵洞，我国水利、交通、铁道等设计研究部门曾对小流域设计洪峰流量的经验公式进行了大量的分析研究，获得了宝贵的工程经验，在理论上和计算方法上都对经验公式进行了改进。近些年，尾矿库的设计洪水计算问题也常用此种方法解决。但是，受实测资料所限，此类公式缺乏大洪水资料的验证，难以解决外延问题。

目前的研究主要集中在对经典设计暴雨洪水计算方法缺陷改进和适用性探讨方面。曹升乐和孙秀玲（1997）指出，某一量级的降雨在汛期内发生频率相等这一条件与实测暴雨在主汛期发生概率远大于其他时段概率的现象相悖，进一步提出了分旬设计暴雨与设计暴雨过程线的概念，建议使用减均值法和模比系数法计算设计暴雨。员汝安等（1999）发现上述理论计算方法的缺陷，提出先对区间降雨序列进行标准化处理，消除均值和均方差的影响，但由于实测序列往往较短，适线结果可能偏大。刘正伟（2011）利用实测资料对以上三种方法的计算结果进行分析，发现将减均值法求得的设计暴雨量与均方差最大的区间相对应，得到的计算结果更为合理。目前，流域设计暴雨过程线的推求方法理论还不够成熟，实际应用要根据具体情况选择符合实际的计算成果。

罗星文和李正祥（2009）在研究尼日利亚缺少水文资料地区的中小流域暴雨洪峰流量的计算方法时，提出"中铁法"，建立了不同洪水重现期下的造峰历时与净流系数、流域面积的地区经验公式，改进了美国推理公式法中造峰历时的计算方法，加入降雨强度对汇流速度影响的考虑，提高了推求洪峰流量的准确性。胡才宽和胡娟娟（2010）对优选 n、K 法做了进一步研究，提出以峰量准则复合 n、K，并采用方向加速法优选参数。通过该方法研究参数随雨强及时空分布规律，经过复合水文站实测洪水资料验证，该方法对 n、K 的改进能够提高洪水计算精度。但由于资料误差、降雨的时空分布不均及主雨强度时变等因子的差异，单站洪水 n、K 参数还应满足约束条件 $\Delta t \leq K \leq \tau$（$\Delta t$ 为计算时段，为流域汇流时间）。岳华等（2012）在研究中进一步探讨了美国推理公式法与"中铁法"在国内中小河流设计洪水计算上的适用性，用实际资料进一步证明了"中铁法"比美国推理公式法的精度更高。李磊等（2016）对推理公式法在土耳其小流域设计洪水计算上进行了适应性分析，对比了土耳其常用洪水计算方法、中国水利水电科学研究院推理公式法及改进的推理公式法，得出通过将净雨过程与中国水利水电科学研究院推理公式法汇流计算方法结合的改进推理公式法能够很好结合当地降雨、产流规律与汇流模型的结果，并且得到的设计洪峰流量符合当地实际情况。

产汇流参数综合是根据水文现象的地域性特征，综合流域的自然地理要素，在已有水文资料的基础上构建地区性经验公式；对于资料匮乏地区的小流域，可借助有水文资料流域的洪水汇流参数及流域自然地理特征间的相关关系，再根据无资料流域的自然地理特征值间接地推出流域洪水汇流参数（杨兴等，2019）。地理综合法具有明显的经验性，需要对成果的可靠性和合理性进行深入分析（Liang and Xie，2001）。20 世纪 60 年代，我国开展了大规模的水文调查研究工作，根据地区特征，各省（自治区、直辖市）分别编制了当地的水文手册、水文图集、暴雨径流查算手册等。此后各地针对查算表中计算方法的应用和参数综合进行了深入的讨论（詹道江和叶守泽，2000；叶贵明和傅世伯，1982）。

2.3　中小流域设计暴雨洪水产汇流机制及参数化方法

流域产流实质上是降雨在不同下垫面中各种因素综合作用下的再分配过程（韩瑞光，2010）。19 世纪以前，人们对产汇流现象仅有感性的认识或只能作简单定量的研究，19 世纪至 20 世纪初，达西定律提出为流域土壤水和地下水动力学奠定基础。20 世纪至今，产流理论得到了长足的发展，理查兹将达西定律引入非饱和土壤水流运动方程，使入渗研究进入了一个崭新的阶段。Horton（1933）提出了下渗理论，当雨强小于下渗能力时，所有降雨都被土壤吸收；雨强大于下渗能力时，入渗率表示下渗能力，其余部分为产流量，概括为蓄满产流模型。Horton 的下渗理论成为产流理论发展的基础，但不能解释非均质或表层透水性较好的包气带的产流机制（黄膺翰和周青，2014）。

Kohler 和 Linsley（1951）根据实测降雨和径流资料分析制作了世界上第一张降雨径流相关图，并提出了前期影响雨量 P_a 的概念和计算方法，是水文学发展史上重要的水文变量相关图（芮孝芳，2013）。

Hewlett 和 Hibbert（1963）、Zaslavsky 和 Sinai（1981）等通过试验研究发现存在非饱和壤中流产流机制。Dunne（1978）在大量的试验基础上证实非均质包气带具备产生壤中流的条件，提出了壤中径流和饱和地面径流产生的机制，对 Horton 的产流方式作了补充，成为新安江三水源模型划分地面水、壤中流和地下径流的理论依据。

蓄满产流和超渗产流是概化了的产流理论方法。事实上，流域的产流过程极其复杂，简单的蓄满与超渗概念都不能反映流域产流的实际情况（张进伟，2007）。在国外产流理论研究的基础上，赵人俊和庄一鸰（1963）在分析制作中国南方湿润地区的降雨径流相关图时发现，影响这些地区径流量最主要的因素是降雨量、初始流域蓄水量和雨期流域蒸发量，而与降雨强度无关，提出了湿润地区以蓄满产流方式为主的理论。于维忠（1985）提出了 5 种径流成分和 9 种产流模式，并指出，对某一固定点来说，产流机制并不是一成不变的，而是随着下垫面情况及降雨情况的变化而变化。张婷婷等（2007）、曹言等（2019）对城市地表产流损失的主要影响因素归为植物截留、填洼、下渗、蒸发四类。芮孝芳等（2009）、芮孝芳和张超（2014a）、芮孝芳（2016）引入网格化产流方法和随机理论，流域上任意位置雨水的下渗、蒸散发，以及向流域出口断面的汇集用水动力学理论处理，即用数学随机理论来描述水质点在集水断面的汇集。

当前产流计算常用的方法有降雨径流相关图法、扣损法（包括初损后损法和平均损失率法）、蓄水容量曲线、径流系数法（综合径流系数法、变径流系数法）（秦嘉楠，2016）、下渗曲线法、产流模型法（包括 SCS 模型等）等。产流的计算结果影响着净雨、径流、汇流参数等过程的推求，是产汇流计算的重点。

流域汇流的实质是水质点经过坡面和河网在流域出口断面的汇集的过程。国外对于流域汇流的研究起步较早，相关领域专家在 200 多年前就开始了对坡面汇流计算及河道洪水演进进行研究。1871 年圣维南方程组的提出为流域坡面汇流计算奠定基础，随后流域汇流理论得到蓬勃发展。Ross 于 1921 年提出的时间-面积曲线概念（张琪等，2003）和 Sherman（1932）提出的单位线理论，为感性的汇流认识提供理论的计算方法。单位线的基本假定是：降雨空间分布均匀，流域为线性系统，产流过程符合倍比假定和叠加假定。随后 Zoch（1937）在 Sherman 单位线的基础上提出了线性水库和单位线的概念，将等流时线与线性水库两种概念结合，建立了单位线法，提出了一般性流域汇流单位线，并相继提出时变水文系统概念和各种流域非线性汇流理论和计算方法。

1938 年 McCarthy 提出了 Muskingum 法，并在 Muskingum 河上首先应用（芮孝芳和张超，2014a）。Horton（1945）提出了河网分级理论，并在此基础上提出描述河网形态的地貌参数，从而开创了与地形地貌流域水文相结合的先例。Nash（1959；1960；1961）发展了瞬时单位线，并对英国各河流建立了瞬时单位线参数的地区综合关系式。瞬时单位线在流域上分布均匀，历时趋于无穷小，强度趋于无穷大，总量为一个单位的地面净雨在流域出口断面形成的地面径流过程线。Dooge（1959）基于流域为线性系统的假定，提出了综合单位线，通过建立单位线要素与地理特征值之间的关系，根据地理特征推求单位线。Iturbe 和 Valdés（1979）基于 Horton 理论，考虑到降雨径流模型对未测量或部分测量的流域的重要性，建立了地貌瞬时单位线（GIUH）理论（Granados et al.，1986）。近年来，国外在计算河槽汇流时，通常将圣维南方程组简化为运动波方程、扩散波方程或惯性波方程，然后再进行求解。Dooge（1986）将忽略惯性项的圣维南方程组线性化，并导出了马斯京根法 x 值的理论公式。

20 世纪 50 年代初期，综合经验单位线方法在中国已获得应用和发展，其中淮河综合单位线为早期代表（单邦梁，1987）。在自然地理特征中，还引入了流域面积坡度和流域形状系数等。文康等（1991）基于三级河网的研究，进一步推导了适用于各级河网的地貌瞬时单位线通用公式，而且将地貌瞬时单位线通用公式运用到实际流域上，结果表明适用性很强，而且效果也非常好。陆桂华（1990）提出采用线性水库的概念，按流域地貌特征进行排列，从而构成汇流模型来推求出流域水位地貌瞬时单位线。芮孝芳（1999）、芮孝芳和石朋（2004）经过分析提出了 Nash 瞬时单位线参数与 Horton 地貌参数之间的计算公式。金林（2008）利用流域地貌参数确定 Nash 模型参数。呈时空分布的无穷多雨滴的集体表现，即流域产流量的形成和流域出口断面流量的形成，用概率论处理（芮孝芳，2016）。随着计算机技术、地理信息系统和遥感技术的发展，为流域产汇流计算提供了一定的技术支撑（郭祥波，2016）。

概念性降雨-径流模型的区域化是估算无资料流域径流的一种常用方法（Pot and Jakeman，1999；Post et al.，1998）。文献中提出了许多预测流域模型参数的区域化方法（Jaiswal et al.，2014；Blöschl，2006；Kokkonen et al.，2003）。土壤性质、前期土壤含水量、地形和降雨的空间变异性将导致不同的地表径流生成机制，形成洪水过程线（Liang and Xie，2001）。

产流参数的计算是汇流计算的基础，前期影响雨量参数和损失参数的综合取值一般是为了单位线和推理公式的流量推算。产流参数的综合一般是建立参数与下垫面的关系，张桂娇等（2004）利用江西省历年收集到的 46 个小流域暴雨洪水资料，探索产汇流参数在地区上和随下垫面变化的规律。金双彦和蒋昕晖（2017）用流域实测降雨量、径流量及前期影响雨量等资料，分析佳芦河下渗能力，建立

$f\text{-}W_0\text{-}F$ 关系，计算出佳芦河流域稳定入渗率为 3.1 mm/h。刘金艳（2011）对秦皇岛流域产汇流参数综合，并通过历史洪水验证，结果较精确。

坡面汇流计算多采用单位线法和等流时线法。对于某一固定流域，并不存在固定的 Nash 瞬时单位线参数 n、K，而是每场洪水都对应 1 组 n、K。因为在天然的洪水汇流过程中，不同洪水推求的单位线有差异（申红彬等，2016；胡才宽和胡娟娟，2010），也就是说，流域汇流是一种受确定性和随机性因素影响的随机现象，瞬时单位线的形状取决于 n、K，而 n、K 取决于许多流域调蓄参数，其中与降雨参数与净降雨持续时间无关（Nasonova et al.，2015；陈代海和李整，2013；Dong，2008）。因此 Nash 瞬时单位线参数的影响因子提取分析是让瞬时单位线物理意义更加明确的重要方法（Liu et al.，2016）。Young（2006）将产汇流计算参数区域化，进行子流域的洪水预报。

针对汇流参数 m，国内学者在推理公式法的应用过程中也有很多的研究。1958 年水利水电科学研究院（现为中国水利水电科学研究院）提出了推理公式法。并在 20 世纪 60 年代初期，在复核中小水库设计洪水工作中提出汇流参数 m 的概念（陈家琦和张恭肃，2005），当时对我国广东、山西、湖南、浙江、江西、北京等地区，结合洪水复核工作分析了 m，并初步按照流域河道情况分类给出 m 的查用表。我国在 20 世纪 80 年代初，在全国开始研究单位线法，结合各省（自治区、直辖市）的研究成果，编制了《暴雨径流查算图表》。缺少水文资料的小流域推求设计洪水通常采用流量资料、雨量资料推求或其他相似流域参数移用等方法（魏炳乾等，2017）。

张建云和何慧（1998）对无资料地区采用 SCS 径流曲线法建立产流模型，运用改进的三角形单位线法建立汇流模型，结合地理信息技术确定模型参数，并对爱尔兰 Dodder 河进行了洪水预报（吕林英，2015）。赵玲玲等（2016）对流域下垫面参数化进行综合，分析流域产汇流过程研究现状。随着计算机技术和遥感技术的兴起，数字高程 DEM 的应用，使得流域地貌、土壤湿度、植被条件、降雨径流等参数的识别和监测更加地方便和具体，为流域产汇流计算提供有效的技术手段（范科科等，2018；邹杨等，2018；Pradhan et al.，2010；林靓靓等，2007；顾祝军和曾志远，2005）。

2.4　中小流域设计暴雨洪水同频率假定检验

华南地区的台风暴雨过程常导致山区中小河流山洪灾害频发，造成严重的社会经济损失。而广大中小流域多属于无资料流域，缺少径流观测数据，设计洪水常通过设计暴雨推求，计算过程均建立在"暴雨洪水同频率"的假定基础上，该假定是当前水利水电工程设计规范中暴雨洪水计算的前提。所以"暴雨洪水同频率"假定的合理与否直接关系到防洪安全。

　　"暴雨洪水同频率"既是水文学的科学问题,同时又是关系工程和经济社会安全的现实问题。现有的"暴雨洪水同频率"假定研究中,均针对特定流域的暴雨洪水事件的概率分布开展研究,而未研究"暴雨洪水同频率"假定的合理性。且前述研究采用数据序列较短,随着近年暴雨洪水记录的不断更新,基于长序列场次洪水资料,运用概率联合分布理论开展"暴雨洪水同频率"假定研究十分必要。

　　Salvadori 和 De Michele(2004)利用 Copula 函数研究了多变量水文事件的"或(OR)"联合重现期(首次重现期)和"且(AND)"联合重现期。基于 Copula 函数总结了非独立的多变量水文事件联合重现期的普遍理论框架。相关研究证明使用 Copula 函数计算十分简便(李航等,2019;刘章君等,2019;谢华和黄介生,2008),为风险分析提供了一种非常简单而又有效的方法。针对首次重现期在危险域或安全域划分上存在的问题,Zhang 和 Singh(2006)引入了一个新的可与特定事件联合重现期相关联的分布函数——肯德尔(Kendall)分布函数,可以视其为首次重现期超过阈值事件的平均到达时间(临界事件),定义了亚临界事件、临界事件和超临界事件,以及二次重现期(secondary return periods)的含义(Salvadori and De Michele,2004),为处理潜在危险(破坏性)的随机事件的频率分析领域提供了新成果(陈子燊等,2016;Vandenberghe et al.,2011;Zhang and Singh,2006)。

2.5　存在问题和挑战

2.5.1　设计暴雨研究现状和存在的问题

　　(1)设计暴雨时程分配的问题。设计暴雨的雨型直接决定了设计洪水的线型,但目前均为点雨量转换为面雨量后的综合推求,而暴雨空间异质性大造成暴雨时程分布不具有代表性。

　　(2)设计暴雨与设计洪水之间同频率的问题。设计暴雨与设计洪水同频率的假定只是设计上的一种处理,并且处理环节众多,所谓同频率也缺乏确切的含义。

2.5.2　设计洪水研究面临的问题与挑战

　　(1)设计净雨产流损失的时空异质性。由于地形、土壤和下垫面等要素的空间异质性大,叠加暴雨的空间异质性,导致设计净雨产流损失的计算成为一个高度复杂的过程,且净雨过程直接决定了洪水过程,所以合理确定产流损失至关重要。

　　(2)设计洪水产汇流参数地区综合要素及综合方法。不同量级暴雨洪水产汇流机制有所差异,需要考虑的要素也不尽相同,在设计洪水推求过程中,如何选择,如何表述,如何将其综合到产汇流参数中至今是个难题。

（3）全国《暴雨径流查算图表》完成于 1984 年，已历时 30 多年。30 多年中部分地区增加了新的测站，加入新的资料并结合使用经验，可以更好地更新此图表。

（4）近年来新技术和海量数据的增加，使人工智能得到长足的发展，特别是深度学习技术在各领域得到广泛应用，如何将深度学习技术应用到海量水文数据和下垫面数据的信息挖掘中，获得需要的信息并加以应用是未来的发展方向。

参 考 文 献

曹升乐，孙秀玲，1997. 流域设计暴雨计算方法研究[J]. 水文（4）：26-31.

曹言，王杰，柴素盈，等，2019. 昆明市区地表径流影响因子分析[J]. 水土保持研究，26（2）：139-144，152.

陈代海，李整，2013. 标定瞬时单位线法既有桥梁水害预报[J]. 公路（8）：25-29.

陈家琦，张恭肃，1966. 小流域暴雨洪水计算问题[M]. 北京：水利电力出版社.

陈家琦，张恭肃，1985. 小流域暴雨洪水计算[M]. 北京：水利电力出版社.

陈家琦，张恭肃，2005. 推理公式汇流参数 m 值查用表的补充[J]. 水文，25（4）：37-38.

范科科，张强，史培军，等，2018. 基于卫星遥感和再分析数据的青藏高原土壤湿度数据评估[J]. 地理学报，73（9）：1778-1791.

方彬，郭生练，肖义，等，2008. 年最大洪水两变量联合分布研究[J]. 水科学进展，19（4）：505-511.

顾祝军，曾志远，2005. 遥感植被盖度研究[J]. 水土保持研究，12（2）：18-21.

郭祥波，2016. 山区小流域产汇流理论与应用的研究[D]. 邯郸：河北工程大学.

韩瑞光，2010. 大清河山丘区下垫面变化对洪水径流影响问题的研究[D]. 天津：天津大学.

何书会，杨慧英，1997. 小流域汇流参数分析[J]. 海河水利（5）：13-15.

侯轶攀，杨宜军，王鹏来，2019. 小流域评价单元在地质灾害详细调查易发性分区中的应用[J]. 资源环境与工程，33（z1）：36-42.

胡才宽，胡娟娟，2010. 湖北省小流域洪水汇流参数复合分析[J]. 人民长江，41（11）：73-77.

黄金池，2010. 我国中小河流洪水综合管理探讨[J]. 中国防汛抗旱，20（5）：7-8，15.

黄膺翰，周青，2014. 基于霍顿下渗能力曲线的流域产流计算研究[J]. 人民长江，45（5）：16-18.

金林，2008. 确定 Nash 模型参数方法的探讨[J]. 水资源与水工程学报，19（4）：116-118.

金双彦，蒋昕晖，2017. 基于霍顿下渗能力曲线的流域产汇流计算[J]. 水资源研究，6（4）：317-323.

冷荣梅，2000. 推理公式汇流参数 m 值地区综合探讨[J]. 四川水利（5）：44-46.

李航，宋松柏，石继跃，2019. 指数 Gamma 分布参数估计方法对比研究[J]. 水力发电学报，38（4）：96-107.

李磊，朱永楠，谷洪钦，2016. 推理公式法在土耳其小流域设计洪水计算中的适应性分析[J]. 水文，36（2）：6，41-45.

连举蛇，董欢，2013. 论小流域治理对水土保持的重要性[J]. 城市建设理论研究（电子版）（11）：1-4.

林靓靓，毕华兴，刘鑫，等，2007. 基于 DEM 的流域地貌气候瞬时单位线地貌参数的提取[J]. 中国水土保持科学，5（5）：5-10.

刘春元，郭索彦，1988. 我国水土保持小流域治理的现状与特点[J]. 中国水土保持（11）：22-25.

刘金艳，2011. 秦皇岛汤河流域产汇流参数特性[J]. 南水北调与水利科技，9（4）：66-69.

刘章君，许新发，成静清，等，2019. 基于 Copula 函数的大坝洪水漫顶风险率计算[J]. 水力发电学报，38（3）：75-82.

刘正伟, 2011. 实测资料设计暴雨计算方法探讨[J]. 人民珠江, 32（3）：17-20.

陆桂华, 1990. 确定性方法推求地貌单位线[J]. 河海大学学报, 18（6）：79-84.

罗星文, 李正祥, 2009. 尼日利亚中小河流暴雨洪水计算方法研究[J]. 科协论坛（下半月）(7)：134-136.

吕林英, 2015. 无资料地区产汇流计算方法研究[D]. 郑州：郑州大学.

秦嘉楠, 2016. 基于"内涝点"的城市防洪模式研究[D]. 太原：太原理工大学.

芮孝芳, 1999. 利用地形地貌资料确定 Nash 模型参数的研究[J]. 水文（3）：6-10.

芮孝芳, 2013. 产流模式的发现与发展[J]. 水利水电科技进展, 33（1）：1-6, 26.

芮孝芳, 2016. 随机产汇流理论[J]. 水利水电科技进展, 36（5）：8-12, 39.

芮孝芳, 宫兴龙, 张超, 等, 2009. 流域产流分析及计算[J]. 水力发电学报, 28（6）：146-150.

芮孝芳, 石朋, 2004. 数字水文学的萌芽及前景[J]. 水利水电科技进展, 24（6）：55-58, 73.

芮孝芳, 张超, 2014a. Muskingum 法的发展及启示[J]. 水利水电科技进展, 34（3）：1-6.

芮孝芳, 张超, 2014b. 论设计洪水计算[J]. 水利水电科技进展, 34（1）：20-26.

单邦梁, 1987. 用浙江省综合单位线法计算单位线及洪水过程线的程序[J]. 浙江水利科技(1)：25-32.

申红彬, 徐宗学, 李其军, 等, 2016. 基于 Nash 瞬时单位线法的渗透坡面汇流模拟[J]. 水利学报, 47（5）：708-713.

水利部水文局, 长江水利委员会水文局, 2010. 水文情报预报技术手册[M]. 北京：中国水利水电出版社.

孙颖娜, 芮孝芳, 2006. 随机理论的 Nash 模型参数的确定[J]. 水电能源科学, 24（3）：31-34, 99.

王广德, 吴凯, 1981. 几种水文概念性模型的阶跃函数解析[J]. 地理学报, 4（3）：13-19.

王淼, 2013. 基于排水管网中心城区小流域划分方法研究[J]. 北京测绘(5)：16-18.

王淑云, 钟向伟, 2017. 莽山水库设计洪水计算研究[J]. 湖南水利水电(1)：46-47.

魏炳乾, 杨坡, 罗小康, 等, 2017. 半干旱无资料中小流域设计洪水方法研究[J]. 自然灾害学报, 26（2）：32-39.

文康, 金管生, 李蝶娟, 等, 1991. 地表径流过程的数学模拟[M]. 北京：水利电力出版社.

谢华, 黄介生, 2008. 两变量水文频率分布模型研究述评[J]. 水科学进展, 19（3）：443-452.

杨兴, 赵玲玲, 陈子燊, 2019. 中小流域洪峰流量与水位联合分布的设计洪水分析[J]. 水电能源科学, 37（8）：43-46.

姚瑞虎, 覃光华, 丁晶, 等, 2017. 洪水二维变量重现期的探讨[J]. 水力发电学报, 36（10）：35-44.

叶贵明, 傅世伯, 1982. 从东峡水库洪水复核谈编制《暴雨径流查算图表》的几个问题[J]. 水文（3）：11-16.

于维忠, 1985. 论流域产流[J]. 水利学报（2）：1-11.

员汝安, 张伟, 曹升乐, 1999. 流域设计暴雨计算方法[J]. 山东工业大学学报（工学版）(1)：47-51.

岳华, 刘发明, 颜真梅, 2012. 用暴雨资料推求中小河流洪峰流量的方法研究[J]. 四川大学学报（工程科学版）, 44（4）：39-44.

詹道江, 叶守泽, 2000. 工程水文学[M]. 第三版. 北京：中国水利水电出版社.

张桂娇, 刘筱琴, 李水金, 等, 2004. 江西省小流域暴雨洪水参数地理规律探讨[J]. 江西水利科技(1)：23-27.

张建云, 何惠, 1998. 应用地理信息进行无资料地区流域水文模拟研究[J]. 水科学进展, 9（4）：345-350.

张进伟, 2007. 王家山水库流域产沙模型研究[D]. 西安：西安理工大学.

张琪, 谭东彦, 许有鹏, 等, 2003. 分布式单位线模型在流域产汇流中的应用初探[J]. 南京大学学报（自然科学）, 39（1）：139-143.

张婷婷, 王铁良, 孙毅, 2007. 城市雨水产汇流过程损失研究[J]. 灌溉排水学报, 26（s1）：180-181.

赵珂, 夏清清, 2015. 以小流域为单元的城市水空间体系生态规划方法：以州河小流域内的达州市经开区为例[J]. 中国园林, 31（1）：41-45.

赵玲玲, 刘昌明, 吴潇潇, 等, 2016. 水文循环模拟中下垫面参数化方法综述[J]. 地理学报, 71（7）：1091-1104.

赵人俊, 庄一鸰, 1963. 降雨径流关系的区域规律[J]. 华东水利学院学报（水文分册）(s2)：53-68.

周理, 刘星, 黎小东, 等, 2014. 小流域农业非点源污染防治措施探究：以濑溪河（泸县境内）为例[J]. 中国农村水利水电（5）：7-10，14.

邹杨，胡国华，于泽兴，等，2018. hEC-HMS 模型在武水流域山洪预报中的应用[J]. 中国水土保持科学，16（2）：98-102.

Blöschl G，2006. Rainfall runoff modeling of ungauged catchments[M]. New York：John Wiley & Sons，Ltd.

Dong S H，2008. Genetic algorithm based parameter estimation of nash model[J]. Water Resources Management，22（4），525-533.

Dooge J C I，1959. A general theory of the unit hydrograph[J]. Journal of Geophysical Research，64（2）：241-256.

Dooge J C I，1986. Theory of flood Routing[M]//River Flow Modelling and Forecasting. Dordrecht：Springer Netherlands，39-65.

Dunne T，1978. Field studies of hillslope flow processes [J]. Hillslope Hydrology，227-293.

Granados M D，Bras R L，Valdés J B，1986. Incorporation of channel losses in the geomorphologic IUH[M]. Dordrecht：Reidel Publishing Company.

Hewlett J D，Hibbert A R，1963. Moisture and energy conditions within a sloping soil mass during drainage[J]. Journal of Geophysical Research，68（4）：1081-1087.

Horton R E，1933. The rôle of infiltration in the hydrologic cycle[J]. Eos Transactions American Geophysical Union，14（1）：446-460.

Horton R E，1945. Erosional development of streams and their drainage basins：Hydrophysical approach to quantitative morphology[J]. Geological Society of America Bulletin，56（3）：275-370.

Jaiswal R K，Thomas T，Galkate R V，et al.，2014. Development of geomorphology based regional nash model for data scares central India region[J]. Water Resources Management，28（2）：351-371.

Kohler M A，Linsley R K，1951. Predicting the runoff from storm rainfall[J]. Lasers in Surgery & Medicine，19（4）：407-412.

Kokkonen T S，Jakeman A J，Young P C，et al.，2003. Predicting daily flows in ungauged catchments：Model regionalization from catchment descriptors at the Coweta Hydrologic Laboratory，North Carolina[J]. Hydrological Processes，17（11）：2219-2238.

Liang X，Xie Z H，2001. A new surface runoff parameterization with subgrid-scale soil heterogeneity for land surface models[J]. Advances in Water Resources，24（9）：1173-1193.

Liu Z J，Guo S L，Zhang H G，et al.，2016. Comparative study of three updating procedures for real-time flood forecasting[J]. Water Resources Management，30（7）：2111-2126.

Nash J E，1959. Systematic determination of unit hydrograph parameters[J]. Journal of Geophysical Research，64（1）：111-115.

Nash J E，1960. A unit hydrograph study，with particular reference to British catchments[J]. Ice Proceedings，17（3）：249-282.

Nash J E，1961. A unit hydrograph study，with particular reference to British catchments [Discussion][J]. Proceedings of the Institution of Civil Engineers，20（3）：464-480.

Nasonova O N，Gusev E M，Ayzel G V，2015. Optimizing land surface parameters for simulating river runoff from 323 MOPEX-watersheds[J]. Water Resources，42（2）：186-197.

Post D A，Jakeman A J，1999. Predicting the daily streamflow of ungauged catchments in southeast Australia by regionalizing the parameters of a lumped conceptual rainfall-runoff model[J]. Ecological modelling，123（2-3）：91-104.

Post D A，Jones J A，Grant G E，1998. An improved methodology for predicting the daily hydrologic response of ungauged catchments[J]. Environmental Modelling & Software，13（3-4）：395-403.

Pradhan R，Pradhan M P，Ghose M K，et al.，2010. Estimation of rainfall-runoff using remote sensing and GIS in and around Singtam，East Sikkim[J]. International Journal of Geomatics & Geosciences，1（3）：466-476.

Iturbe I R，Valdés J B，1979. The geomorphologic structure of hydrologic response[J]. Water Resources Research，15（6）：1409-1420.

Salvadori G，De Michele C，2004. Frequency analysis via copulas：Theoretical aspects and applications to hydrological events[J]. Water Resources Research，40（12）：W12511.

Salvadori G，Durante F，De Michele C，2013. Multivariate return period calculation via survival functions[J]. Water Resources Research，49（4）：2308-2311.

Sherman L K，1932. Streamflow from rainfall by the unit graph method[J]. Engineering News Record（108）：501-505.

Young A R，2006. Stream flow simulation within UK ungauged catchments using a daily rainfall-runoff model[J]. Journal of Hydrology，320（1-2）：155-172.

Zaslavsky D，Sinai G，1981. Surface hydrology：IV flow in sloping，layered soil[J]. Journal of the Hydraulics Division，107（1）：53-64.

Zehe E，Bárdossy Á，2003. Regional parameter estimation for the prediction of ungauged basins[C]//EGS-AGU-EUG Joint Assembly，5576.

Zhang L，Singh V P，2006. Bivariate flood frequency analysis using the copula method[J]. Journal of Hydrologic Engineering，11（2）：150-164.

Zoch R T，1937. On the relation between rainfall and streamflow-III[J]. Monthly Weather Review，65（4）：135-147.

第3章　中小流域设计暴雨计算方法

3.1　中小流域设计暴雨计算方法概述

设计暴雨是缺乏实测资料的中小流域推算设计洪水的常用方法，前提是假定流域为集中输入系统并且设计暴雨与设计洪水同频率。设计暴雨包括暴雨选样、暴雨时空分布、平均雨强公式等内容。城市设计暴雨研究较为丰富，中、小型工程的设计暴雨径流计算，因为实测资料的缺乏，一般采用各省（自治区、直辖市）编制的暴雨径流查算图表。

流域面雨量是单位面积上的降水量，面雨量的估算直接关系到洪水预报精度和洪水调度决策的科学性（徐晶和姚学祥，2007）。面雨量的计算主要依靠点面转换来实现，但一次降雨的空间分布与地形条件、汇水面积形状、降雨历时、降雨中心强度的位置及风等因素等有关（彭博，2016）。目前国内外面雨量的研究方法有插值法、回归分析法（赵琳娜等，2012）、遥感法等（表3-1）。插值法是依据水文站点资料和地理空间上的分布获取面雨量的方法。1911年，泰森提出一种垂直平分的方法，即泰森多边形法，是目前水文气象中常用的空间几何插值法。但是这种方法对观测点数量和位置有要求，并且忽略了地形、高程等影响。反距离加权法根据距离待估测点的远近，计算其站点的贡献量，是在泰森多边形法的基础上进行的一个拓展的方法。1971年，Matheron和Krige提出了克里金法，该法考虑到已知数据点的空间相关性，随后发展的泛克里金法和协同克里金法等考虑了高程等因素。我国气象局在21世纪初期将全国七大江河流域的面雨量测量作为全国气象部门的日常业务之一（徐晶和姚学祥，2007）。徐晶等（2001）对全国七大江河流域进行研究，对比了各种面雨量计算方法的优缺点，认为泰森多边形法最为适用，并实现计算面雨量的程序自动化。回归分析法基于实测资料和经纬度建立回归模型，再根据实际情况进行推算。王文本等（2019）采用多元线性回归（MLR）方法和主成分回归（PCR）法建立巢湖流域6个子单元面雨量集成预报方程。随着遥感技术的发展，遥感反演地面降水得到了广泛应用。贺芳芳等（2018）根据上海地区小时雷达资料，结合克里金法，构建了雷达图上的面雨量计算模型，制作"基于雷达资料暴雨面雨量自动化计算查询系统"。除了上述方法外，卫星估测降水也应用在面雨量估算中，欧洲中期天气预报中心联合卫星估测降雨，开发覆盖欧洲的定量降雨产品（赵琳娜等，2012）。

表 3-1　常用面雨量计算方法

分类		主要方法
插值法	空间几何插值法	算术平均法、泰森多边形法、反距离加权法、梯度平方反比法、逐步订正格点法、等值线法、趋势面法、点面折减系数法
	函数插值法	薄板样条插值法、最优插值法
	地理统计法	克里金法（普通克里金法、泛克里金法、协同克里金法）
回归分析法		要素回归法、应用回归法、多元线性回归方法、主成分回归法
遥感法		卫星遥测法、雷达测雨法、PRISM 插值法、网格法、细网格雨量法

3.2　暴雨选样与点面转换

3.2.1　设计暴雨选样

暴雨资料的选样是暴雨强度公式和设计暴雨雨型的基础。资料的一致性、可靠性和代表性决定了设计暴雨雨型计算的准确性。水文计算样本选取方法一般有年最大值法、年超大值法、超定量法和年多个样法。年最大值法在小重现期（1～5 年）内误差较大，暴雨强度明显偏小，但在大重现期（10 年以上）雨强差异不大，重要水库重现期甚至达几千年，因此我国水利行业暴雨资料选择一般采用年最大值法。我国市政行业暴雨资料的选样方法以往多采用年多个样法，年多个样法每年选取多个最大暴雨降雨历时，有效地弥补年最大值法的缺点，但是年多个样法需要资料太多，任伯帜等（2003）、岑国平（1999）建议采用年超大值法。在国外的城市排水中常用年超大值法选样。《室外排水设计规范》（GB50014—2006）建议，同时采用年多个样法和年最大值法。在具有 10 年以上自动雨量记录的地区，设计暴雨强度公式宜采用年多个样法，有条件的地区可采用年最大值法（表 3-2）。虽然不同选样方法各有优缺点，刘俊等（2006）认为这些优缺点不应作为选择抽样方法的唯一标准，而是应基于频率分析的目的，结合频率曲线线型、参数估计等步骤提高频率估计的精度。

表 3-2　设计暴雨选样方法

方法	内容	适用性	重现期	优缺点
年最大值法	各种历时每年选取一个最大值	暴雨资料年限大于 20 年	>1 年	优点：选样简单、资料易得、独立性强；缺点：遗漏数据，精度不高，缺乏可靠性
年超大值法	限定每年暴雨取样个数，再从中选择资料年限数 3～4 倍的雨样资料	资料个数与年数无关	>1 年	优点：资料易得，工作量较少

方法	内容	适用性	重现期	优缺点
超定量法	选择的是超过某个阈值的雨样	暴雨资料年份不长的城市	>0.5 年	优点：选样简单；缺点：不能满足独立性
年多个样法	限定每年暴雨取样个数，再从中选择资料年限数 3～4 倍的雨样资料	适用于小重现期	>0.5 年	优点：不会遗漏数据；缺点：资料收集较难

3.2.2　暴雨点面转换

1. 数据选取

选取典型研究区大拜水文站以上曹江流域内的 6 个降水站点，为了增加分析的代表性，通过降水的频率估算，选取 1975 年为平水典型年，1977 年为枯水典型年，2010 年为丰水典型年，场次资料选取典型年内的最大洪水过程。

2. 研究方法

将研究区内降水站点依次从 6 个减少到 5 个、4 个、3 个和 2 个，并按照空间位置的不同进行不同组合，具体站点排列组合见表 3-3，然后采用泰森多边形法计算站点控制的降水面积，进行流域面雨量的计算。比较减少站点的插值面雨量过程与全部站点插值降水过程和实测径流过程，分析流域降水过程对水文（雨量）站密度的依赖程度。

表 3-3　站点组合表

站点名称	厚元	马贵	白马	大坡	下垌	大拜
站点代码	1	2	3	4	5	6

3. 结果分析

通过对研究区年、月、日和小时 4 个不同时间分辨率的实测和不同组合插值的降水过程（图 3-1～图 3-10）对比分析发现：①不同站点组合插值的降水过程均能较好地反应径流过程；②不同站点组合插值的降水过程能综合反映流域降水特征；③不同站点组合插值降水过程削弱了降水峰值，模拟洪峰流量将偏小。

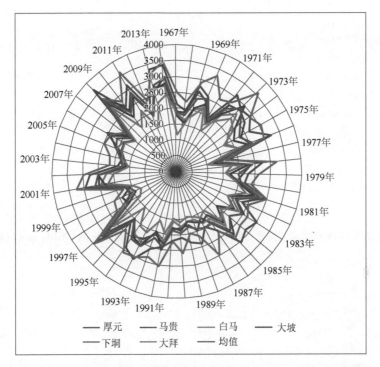

图 3-1　研究区 6 个站点年降水过程及年降水均值图（单位：mm）（后附彩图）

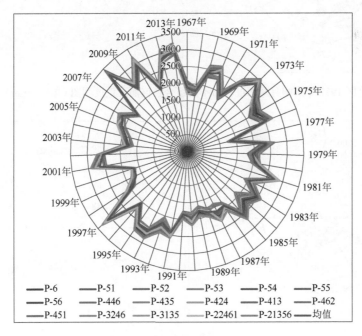

图 3-2　不同组合插值研究区面雨量过程图（单位：mm）（后附彩图）

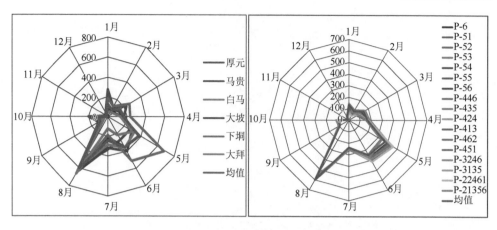

图 3-3 研究区 1975 年实测月降水过程与不同组合插值面雨量过程图（单位：mm）（后附彩图）

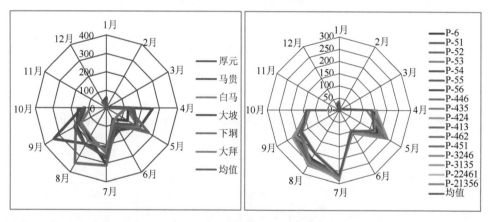

图 3-4 研究区 1977 年实测月降水过程与不同组合插值面雨量过程图（单位：mm）（后附彩图）

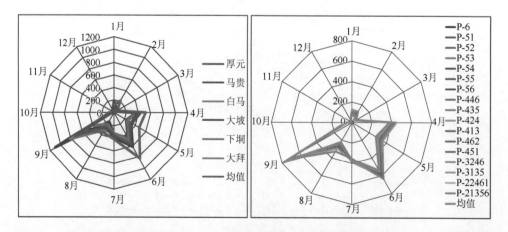

图 3-5 研究区 2010 年实测月降水过程与不同组合插值面雨量过程图（单位：mm）（后附彩图）

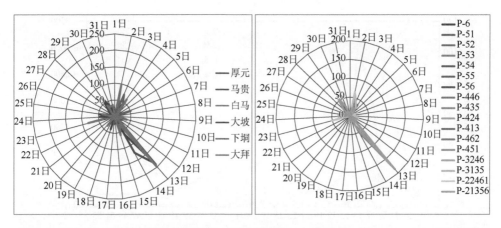

图 3-6 研究区 1975 年 8 月站点实测和不同组合插值日雨量过程（单位：mm）（后附彩图）

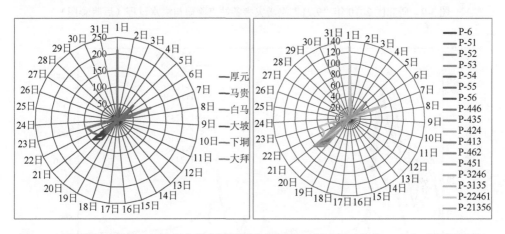

图 3-7 研究区 1977 年 7 月站点实测和不同组合插值日雨量过程（单位：mm）（后附彩图）

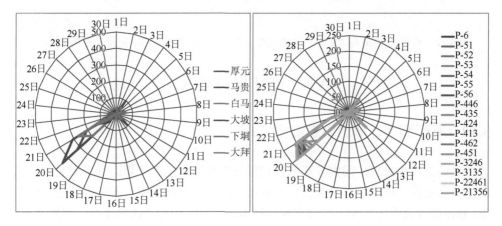

图 3-8 研究区 2010 年 9 月站点实测和不同组合插值日雨量过程（单位：mm）（后附彩图）

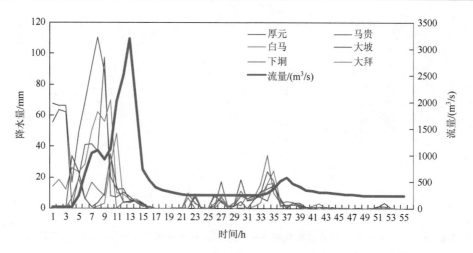

图 3-9　研究区 2010 年"9.21"洪涝灾害各站点降雨与洪水过程（后附彩图）

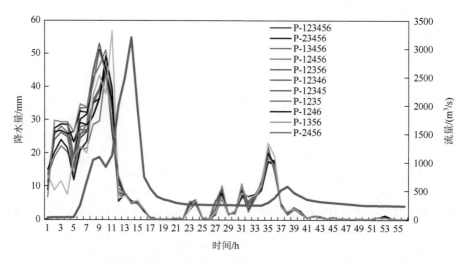

图 3-10　研究区 2010 年"9.21"洪涝灾害不同组合插值降雨与洪水过程（后附彩图）

3.3　设计暴雨公式

3.3.1　基于频率计算的站点暴雨公式

暴雨公式的编制，需由多年的自记雨量资料通过频率计算，推求未来暴雨强度的变化规律，据此推求暴雨公式。暴雨强度公式是城市雨水系统设计的重要依据，暴雨强度公式的主要差异来自暴雨样本选取方法和理论频率曲线类型的选择。暴雨强度公式的编制就是在"暴雨强度-历时-频率"（IDF）表的基础上，采用合适的暴雨强度公式形式，并确定其参数的过程。国外常用的暴雨强度公式为 Talbot 公式、Sherman 公式、Hornerhe 公式和 Clerlang 公式，我国水利行业暴雨强度公式一般用雨力去推求（表 3-4）。

表 3-4　不同暴雨强度公式及待求参数

序号	名称	暴雨强度公式	待求参数
1	Hornerhe 公式	$i=\dfrac{A}{(t+b)^c}$	A, b, C
2	Sherman 公式	$i=\dfrac{A}{t^n}$	A, n
3	Talbot 公式	$i=\dfrac{A}{t+b}$	A, b
4	《室外排水设计规范》	$i=\dfrac{A}{(t+b)^n}$ 或 $i=\dfrac{A_1(1+C\lg P)}{(t+b)^n}$	A, b 或 A_1, C, b
5	Clerlang 公式	$i=\dfrac{A}{t^n+b}$	A, n, b

注：序号 2 和 3 的公式分别是序号 1 公式中 b 为 0 和 C 为 1 的特殊情况。

3.3.2　基于时段雨量分析的暴雨雨型

设计雨型会对径流、洪峰等产生影响。设计雨型是指某一重现期下的设计雨量值在降雨强度上随时间的分配过程。城市排水设计中应用最广、最简单的雨型是单峰均匀雨型，这种雨型的计算结果通常偏小。不均匀雨型中最简单的是三角形雨型。设计暴雨和设计洪水推求中，由于历时较长，时程分解通常采用典型暴雨同频率缩放法，在资料缺乏时则采用当地水文手册中按地区综合概化的典型雨型。国内外常用的降雨雨型有模式雨型、芝加哥雨型（Keifer&Chu 雨型）、SCS 雨型、Huff 雨型、PC 雨型（Pilgrim &Cordery 雨型）、三角形雨型（Yen 和 Chow 雨型）等。2014 年，我国气象局与住房和城乡建设部联合发布了《城市暴雨强度公式编制和设计暴雨雨型确定技术导则》（简称《导则》），《导则》推荐采用芝加哥雨型作为我国短历时暴雨雨型的确定方法，自此芝加哥雨型在我国得到应用。目前，国内外对于雨型的研究多以城市雨型为主，较少有专门针对小流域雨型的研究。深圳市近郊区设计暴雨雨型参照的是《广东省暴雨径流查算图表使用手册》的 24 h 雨型，时间间隔为 1 h。芮孝芳等（2009）分析认为，表 3-5 的非均匀雨型中，芝加哥雨型本质上采用同频率法，而其他方法本质上只是提出了确定典型雨型的方法，既可以是同频率法也可以是同倍比法。

表 3-5　雨型汇总表

名称	名称	提出者	主要原理	优缺点
非均匀雨型	模式雨型	M.B.莫洛可夫	将实际降雨过程按时段进行分配，计算时段雨量占总雨量的比值，根据整场降雨各时段占总雨量的比值计算该场降雨同 7 种模式雨型的贴近度，作为判断该场降雨雨型的依据	统计过程较复杂
	芝加哥雨型	Keifer 和 Chu	引入雨峰系数 r 描述暴雨峰值时刻，将降雨历时分为峰前和峰后两部分，分别采用不同公式计算暴雨强度	受历时影响较小
	SCS 雨型	美国农业部土壤保持局	利用 6 h 和 24 h 暴雨资料建立了综合雨型曲线，纵坐标为雨量的百分率，横坐标为时间	—
	Huff 雨型	Huff	多年实测降雨过程的分析，按雨峰出现位置的不同将降雨分为 4 类，并得到各类雨型的平均无量纲累积过程	洪峰受历时影响非常显著
	PC 雨型	Pilgrim 和 Cordery	根据多年实测降雨资料，按所需时段进行排序，确定最可能出现的雨峰位置，推求各场降雨的不同时段的雨量占总雨量的比例的均值，作为降雨各时段的雨量分配值，从而得到该地区雨型	受历时影响较小
	三角形雨型	Yen 和 Chow	考虑流域汇流计算，其雨峰位置是根据三角形无量纲一阶矩与暴雨过程的平均无量纲一阶矩相等来确定的	洪峰受历时影响非常显著

3.4　典型流域设计暴雨计算

3.4.1　基本数据

以华南地区典型中小流域曹江流域为研究对象，数据选取曹江流域内的厚元、马贵、白马、大坡、下垌及大拜 6 个雨量站近 50 年的实际观测资料。按照现行有关规范对暴雨强度公式编制要求，采用年最大值法对曹江流域 6 个雨量站降雨资料进行选样。采用年最大样法，每年选取最大降水值：2 h、3 h、6 h、12 h、18 h、24 h，抽取资料年最大值作为统计样本。

3.4.2　暴雨强度公式

1. 暴雨强度–历时–频率（IDF）曲线

采用 4 种概率分布函数：Gumbel 分布、P-III型分布、广义极值（GEV）分布、广义逻辑（GLO）分布分别推算 2 年、3 年、5 年、10 年、20 年、30 年、50 年、75 年、100 年设计暴雨。函数公式如下。

P-Ⅲ型分布：

$$F_X(x) = \frac{\beta^\xi}{\Gamma(\xi)} \int_{-\infty}^x (x-\mu)^{\xi-1} \exp[-\beta(x-\mu)] \mathrm{d}x, \quad (\xi, \beta > 0, x > \mu) \tag{3-1}$$

广义极值分布：

$$F_X(x) = \exp\left\{-\left[1 - \xi\left(\frac{x-\mu}{\beta}\right)\right]^{1/\xi}\right\}, \quad \xi \neq 0 \tag{3-2}$$

Gumbel 分布：

$$F_X(x) = \exp\left[-\exp\left(\frac{x-\mu}{\beta}\right)\right], \quad -\infty < x < +\infty \tag{3-3}$$

广义逻辑分布：

$$F_X(x) = 1/\{1 + [1 + \xi(x-\mu)/\beta]^{1/\xi}\} \tag{3-4}$$

式中，ξ、β 和 μ 分别为形状参数、尺度参数和位置参数。

2. 暴雨强度公式与参数推求

目前常用的暴雨强度公式为

$$I = \frac{A_1[1 + C\lg T]}{(D+b)^n} \tag{3-5}$$

式中，I 为设计暴雨强度，mm/min；D 为降雨历时，min；T 为设计重现期，a。

公式特点：非线性，且不能线性化。传统方法确定公式中的 4 个参数 A_1、C、b、n 分成两步实现：①先确定单一重现期的参数，$I = A/(D+b)^n$ 中的参数 A、b、n；②进一步确定综合反映各重现期的参数 b、n，以及 $A = (A_1 + C\lg T)$ 中的参数 A_1、C。算法缺点：①这种方法推求参数的全过程不但需反复调整，工作量大，而且第一步求参数需用图解试凑法，所求参数具有一定的任意性；②求参数过程分成两步使最后求得的参数并不是最佳拟合参数。

根据重现期 T、暴雨强度 I、降雨历时 D 的关系，设定暴雨强度公式中的 A_1、C、n、b 的初值分别为 100、3、2、1，建立暴雨强度统一公式。公式中参数的推求实际上可视为一个四参数非线性寻优问题，属于非线性已知关系式的参数估计问题。通过 Levenberg-Marquardt 法推求该非线性超定方程的 4 个参数，实现暴雨强度公式参数的一举寻优，拟合精度高。该方法是在高斯-牛顿法基础上引入阻尼因子，既吸收了高斯-牛顿法的优点，又在初始值的选取范围上有所放宽。表 3-6 分别给出了采用 4 种曲线拟合方法计算得到的暴雨强度公式、拟合的暴雨强度公式的误差值（RMSE）等。

表 3-6 6 个雨量站的暴雨强度公式

雨量站	分布曲线	暴雨强度公式	RMSE
下垌	Gumbel 分布	$I = [(56.84 \times \log_{10}T)/\log10 + 39.2]/(D + 0.65)^{0.68}$	0.0046
	P-III型分布	$I = [(35.76 \times \log_{10}T)/\log10 + 44.7]/(D + 0.49)^{0.64}$	0.0104
	GEV 分布	$I = [(51.107 \times \log_{10}T)/\log10 + 34.3]/(D + 0.36)^{0.66}$	0.0053
	GLO 分布	$I = [(55.458 \times \log_{10}T)/\log10 + 35.1]/(D + 0.65)^{0.67}$	0.0061
白马	Gumbel 分布	$I = [(204.972 \times \log_{10}T)/\log10 + 117.8]/(D + 5.05)^{1.01}$	0.0094
	P-III型分布	$I = [(73.629 \times \log_{10}T)/\log10 + 72.9]/(D + 2.71)^{0.82}$	0.0166
	GEV 分布	$I = [(1781.395 \times \log_{10}T)/\log10 + 462.7]/(D + 13.77)^{1.47}$	0.0305
	GLO 分布	$I = [(377.545 \times \log_{10}T)/\log10 + 112.7]/(D + 7.2)^{1.12}$	0.0221
厚元	Gumbel 分布	$I = [(99.456 \times \log_{10}T)/\log10 + 44.8]/(D + 2.87)^{0.81}$	0.0121
	P-III型分布	$I = [(37.592 \times \log_{10}T)/\log10 + 29.6]/(D + 0.71)^{0.62}$	0.0168
	GEV 分布	$I = [(129.605 \times \log_{10}T)/\log10 + 16.1]/(D + 4.03)^{0.8}$	0.0247
	GLO 分布	$I = [(116.436 \times \log_{10}T)/\log10 + 18.6]/(D + 3.11)^{0.81}$	0.0211
马贵	Gumbel 分布	$I = [(248.535 \times \log_{10}T)/\log10 + 94.5]/(D + 4.47)^{1.02}$	0.0091
	P-III型分布	$I = [(64.821 \times \log_{10}T)/\log10 + 52.7]/(D + 1.29)^{0.76}$	0.0156
	GEV 分布	$I = [(275.89 \times \log_{10}T)/\log10 + 47]/(D + 4.61)^{1.02}$	0.0197
	GLO 分布	$I = [(294.705 \times \log_{10}T)/\log10 + 29.5]/(D + 4.44)^{1.03}$	0.0210
大坡	Gumbel 分布	$I = [(206.208 \times \log_{10}T)/\log10 + 107.4]/(D + 4.8)^{1.02}$	0.0123
	P-III型分布	$I = [(47.022 \times \log_{10}T)/\log10 + 46.1]/(D + 0.83)^{0.71}$	0.0161
	GEV 分布	$I = [(110.0 \times \log_{10}T)/\log10 + 40]/(D + 2.29)^{0.84}$	0.0098
	GLO 分布	$I = [(164.994 \times \log_{10}T)/\log10 + 51.4]/(D + 3.93)^{0.92}$	0.0170
大拜	Gumbel 分布	$I = [(104.665 \times \log_{10}T)/\log10 + 60.5]/(D + 2.21)^{0.86}$	0.0087
	P-III型分布	$I = [(47.022 \times \log_{10}T)/\log10 + 46.1]/(D + 0.83)^{0.71}$	0.0161
	GEV 分布	$I = [(84.537 \times \log_{10}T)/\log10 + 27.9]/(D + 1.64)^{0.73}$	0.0209
	GLO 分布	$I = [(133.838 \times \log_{10}T)/\log10 + 39.3]/(D + 3.02)^{0.89}$	0.0193

由表 3-6 中 RMSE 检验和图 3-11～图 3-16 各雨量站 Gumbel 分布、P-III型分布、GEV 分布、GLO 分布 4 种分布拟合图形，可以得到各雨量站的暴雨强度公式。下垌站、白马站、厚元站、马贵站和大拜站均选择拟合较好误差值较小的 Gumbel 分布，大坡站选择拟合较好的 GEV 分布。由各雨量站的暴雨强度公式可以计算出不同重现期和不同历时下的设计暴雨，进而有助于推求雨量站芝加哥雨型，对雨量站设计暴雨有更好的研究。

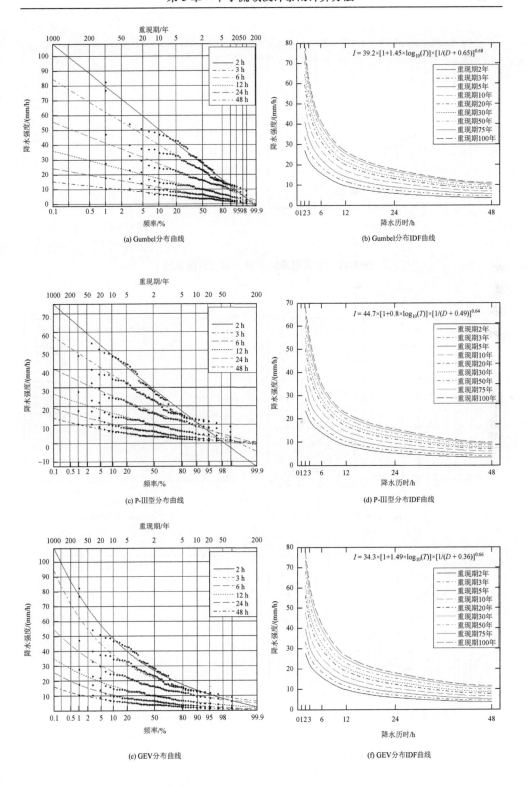

(a) Gumbel 分布曲线

(b) Gumbel 分布IDF曲线

(c) P-III型分布曲线

(d) P-III型分布IDF曲线

(e) GEV分布曲线

(f) GEV分布IDF曲线

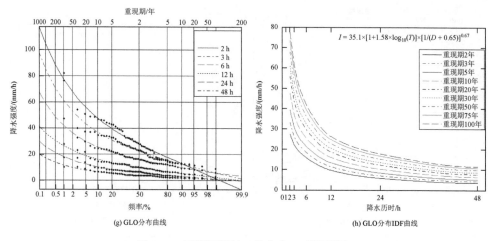

图 3-11　下垌雨量站 4 种分布（后附彩图）

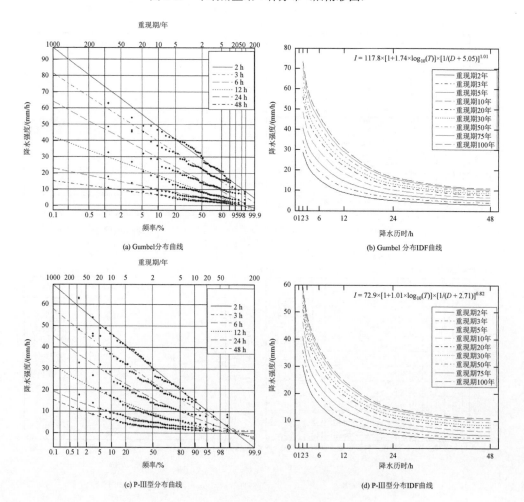

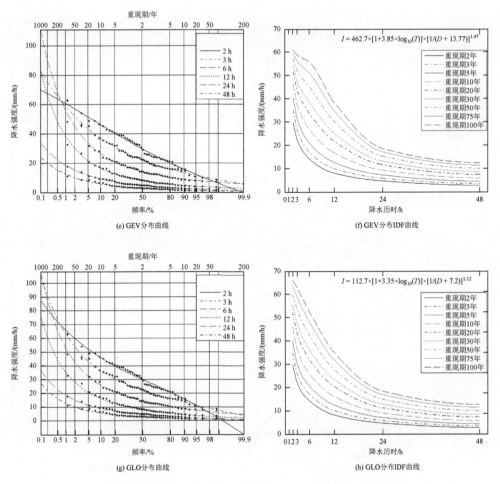

图 3-12　白马雨量站 4 种分布（后附彩图）

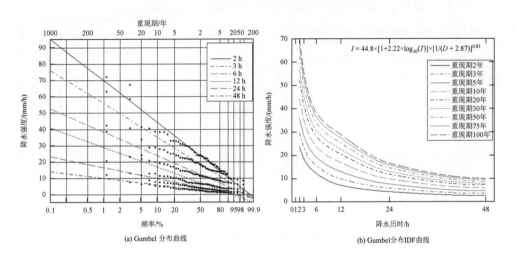

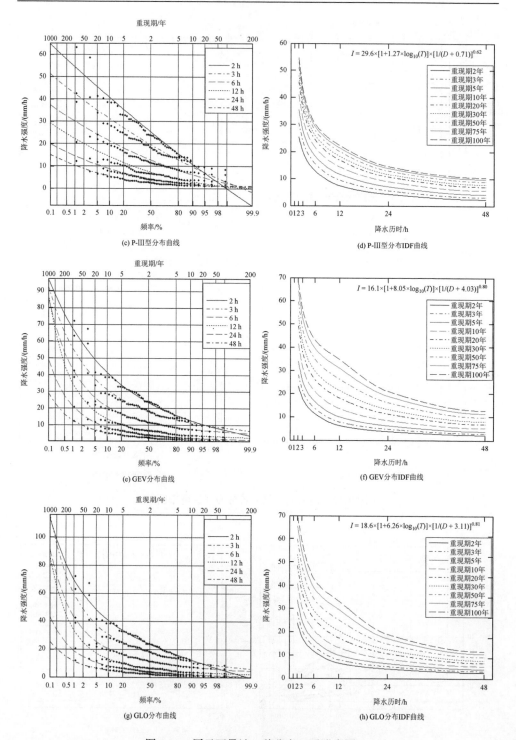

图 3-13　厚元雨量站 4 种分布（后附彩图）

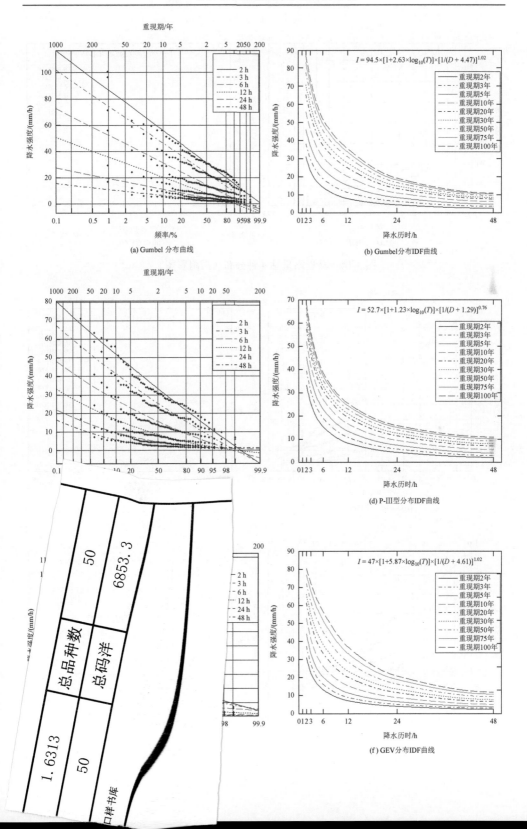

(a) Gumbel 分布曲线

(b) Gumbel分布IDF曲线

(d) P-Ⅲ型分布IDF曲线

(f) GEV分布IDF曲线

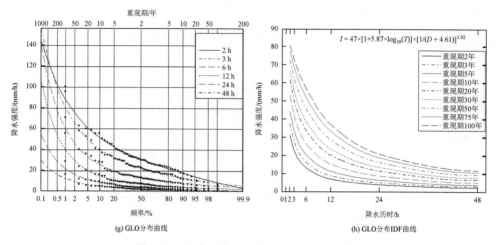

(g) GLO分布曲线　　　　　　　　　(h) GLO分布IDF曲线

图 3-14　马贵雨量站 4 种分布（后附彩图）

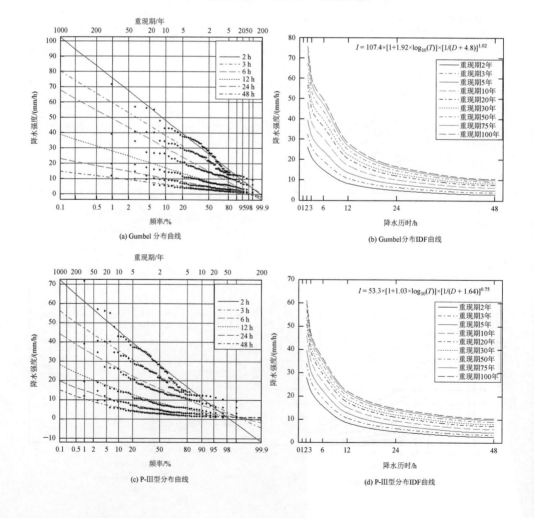

(a) Gumbel 分布曲线　　　　　　　(b) Gumbel分布IDF曲线

(c) P-Ⅲ型分布曲线　　　　　　　　(d) P-Ⅲ型分布IDF曲线

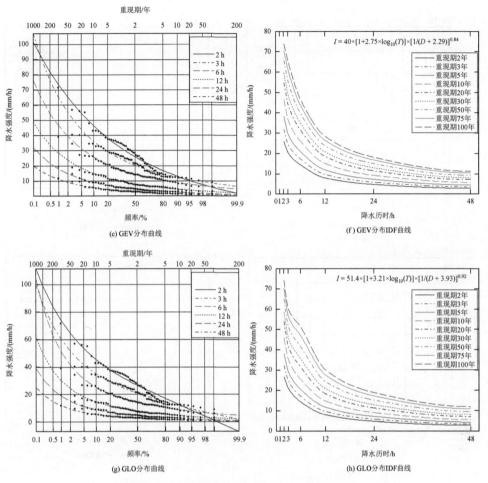

(e) GEV分布曲线

(f) GEV分布IDF曲线

(g) GLO分布曲线

(h) GLO分布IDF曲线

图 3-15　大坡雨量站 4 种分布（后附彩图）

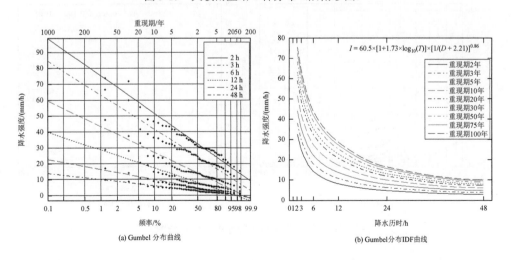

(a) Gumbel 分布曲线

(b) Gumbel分布IDF曲线

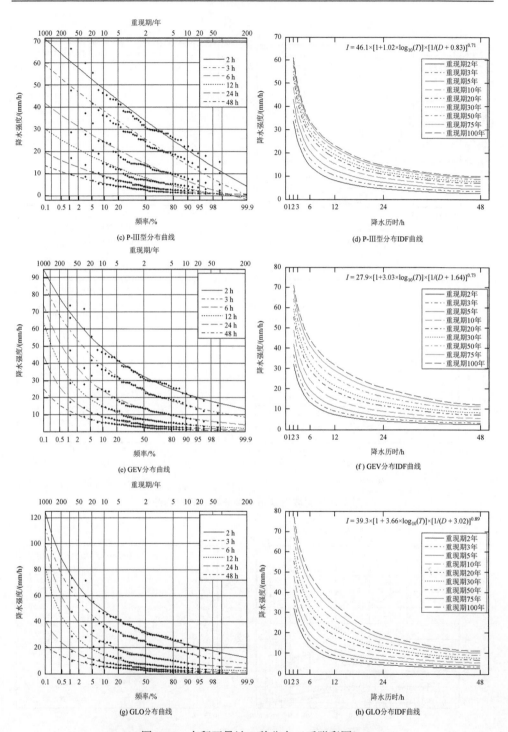

图 3-16　大拜雨量站 4 种分布（后附彩图）

3.4.3　暴雨时程分布

1. 同频率法雨型

同频率法选取当地实测的典型暴雨，对其降雨过程进行同频率分时段缩放。放大倍比系数公式为

$$K = \frac{X_{设计}}{X_{典型}} \qquad (3-6)$$

式中，$X_{设计}$ 为不同重现期的设计降雨量，mm；$X_{典型}$ 为典型暴雨降雨量，mm。

广东省 1991 年颁发的《广东省暴雨径流查算图表》中采用同频率法以同一设计频率的长短历时面雨量长包短控制，用设计雨型求得设计暴雨的时程分配（即设计毛雨过程）供产流计算推求设计净雨过程。广东省曹江流域位于粤西沿海，典型暴雨的最大 1 h、3 h、6 h、12 h、24 h 时段降雨，由表 3-5 可以推算出不同重现期和不同历时下的设计暴雨量，按照广东省设计暴雨的时程分配可得到图 3-17 曹江流域面雨量 6 h 和 24 h 雨量分配比例图。

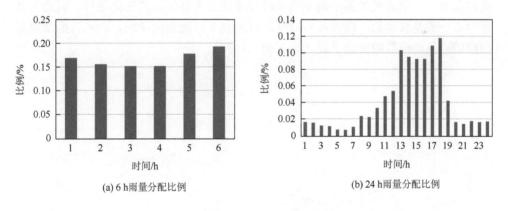

(a) 6 h 雨量分配比例　　　　(b) 24 h 雨量分配比例

图 3-17　曹江流域面雨量 6 h 和 24 h 雨量分配比例图

2. 实际降雨时程分配

研究通过统计 1969~2013 年 6 个雨量站降雨资料中最大 6 h、最大 24 h、最大 3 d 的降雨量，每年选取一个雨量最大值，并分析 792 场降雨对应的降雨过程。根据模糊识别法，对曹江流域雨量资料进行雨型划分，划分工作由计算机完成，

避免目估法存在较大主观因素。经过分析，6 个雨量站中均选取代表性的雨型类型，可以得出各个雨量站的雨峰位置系数 r（表 3-7）。

表 3-7　曹江流域雨量站雨峰位置系数

雨峰位置	下垌	白马	厚元	马贵	大坡	大拜
6 h	2	5	5	5	5	1
12 h	4	8	3	4	2	8
24 h	21	13	9	16	20	8
系数 r	0.514	0.681	0.486	0.611	0.611	0.389

由图 3-18～图 3-20 可以看出雨量站的雨型与广东省同频率雨型很相似，但是雨量站雨型变化更加明显。根据广东省同频率雨型对实际降雨过程进行了归类划分 6 h、12 h、24 h 雨量过程，两者有一定差别，需要根据实际情况改进。广东省同频率雨型是对实际情况下面雨型的划分，满足雨型识别及分析的要求。由广东省 6 h、12 h、24 h 设计雨型也可以看出，曹江流域雨型以双峰为主，主峰和次峰均出现在最大 6 h 内。各雨量站雨峰位置系数 r 的取值范围为 0.389～0.681，表明了一场降雨雨峰位置较为集中。暴雨的空间分布不可能是均匀的，虽然在一次暴雨过程中，一个流域的各个测站降雨时程变化有大体相似的变化趋势，但由于暴雨中心一般是移动的，因而各站降雨时程变化不可能是同步的。因此，面暴雨雨型应较点暴雨雨型的变化平缓（钱王骋，1987）。

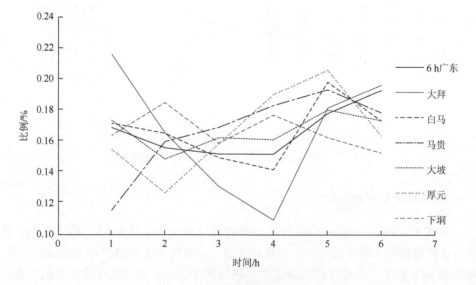

图 3-18　曹江站最大 6 h 降雨过程

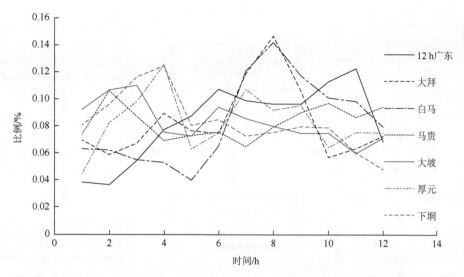

图 3-19　曹江站最大 12 h 降雨过程

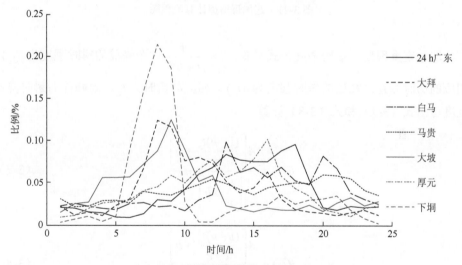

图 3-20　曹江站最大 24 h 降雨过程

3. 芝加哥雨型

芝加哥雨型通过统计多场降雨的雨峰位置系数，采用平均值来确定设计雨型的雨峰位置，然后根据暴雨强度公式计算雨峰前后的雨量分配比例，计算过程如图 3-21 所示。

芝加哥雨型根据典型暴雨先计算雨峰位置系数 r，确定暴雨峰值发生的位置，由此通过雨峰将雨型特征划分为峰前和峰后两个部分，再通过暴雨强度公式计算降雨过程雨量分配比例。

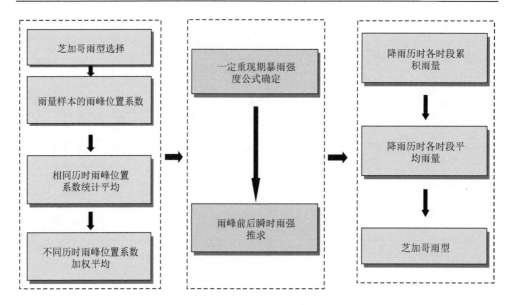

图 3-21　芝加哥雨型计算流程图

取一定重现期下暴雨强度公式形式：$i = \dfrac{A}{(t+b)^n}$，令峰前的瞬时强度为 $i(t_b)$，相应的历时为 t_b；峰后的瞬时强度为 $i(t_a)$，相应的历时为 t_a。雨峰前后瞬时降雨强度可由式（3-7）和式（3-8）计算

$$i(t_b) = \frac{A\left[\dfrac{(1-n)t_b}{r}+b\right]}{\left[\dfrac{t_b}{r}+b\right]^{n+1}} \tag{3-7}$$

$$i(t_a) = \frac{A\left[\dfrac{(1-n)t_a}{1-r}+b\right]}{\left[\dfrac{t_a}{1-r}+b\right]^{n+1}} \tag{3-8}$$

式中，r 为综合雨峰位置系数；A、b、n 为一定重现期下暴雨强度公式中的参数。综合雨峰位置系数 r 确定后，就可以计算峰前、峰后的雨量值，通过 $i(t_b)$、$i(t_a)$ 来计算瞬时强度，之后积分得出各时段累积雨量值，进而计算每个时段的平均降雨强度，最终可以得到对应重现期下 2 h 的雨量分配过程，即 2 h 芝加哥雨型。

由表 3-7 和表 3-8 可知各雨量站芝加哥雨型暴雨强度公式的参数。

表 3-8　各雨量站参数表

雨量站	A	C	b	n	r
下垌	39.2	1.45	0.65	0.68	0.514
白马	117.8	1.74	5.05	1.01	0.681
厚元	44.8	2.22	2.87	0.81	0.486
马贵	94.5	2.63	4.47	1.02	0.611
大坡	40	2.75	2.29	0.84	0.611
大拜	60.5	1.73	2.21	0.86	0.389

　　得到下垌雨量站和其他 5 个雨量站 2 h 芝加哥雨型过程线，以下垌站为例列出分配比例表 3-9。根据对应重现期下 2 h 设计降雨量和表 3-9 的各时段分配比例进行降雨时程分配，从而得到降雨过程线。

表 3-9　下垌雨量站 2 h 芝加哥型雨量分配比例

时段/min	比例/%	时段/min	比例/%	时段/min	比例/%	时段/min	比例/%
1	0.278	31	0.450	61	7.664	91	0.447
2	0.281	32	0.461	62	12.252	92	0.437
3	0.284	33	0.472	63	4.421	93	0.427
4	0.288	34	0.484	64	2.844	94	0.418
5	0.291	35	0.496	65	2.157	95	0.409
6	0.295	36	0.510	66	1.767	96	0.401
7	0.298	37	0.524	67	1.513	97	0.393
8	0.302	38	0.540	68	1.332	98	0.385
9	0.306	39	0.556	69	1.196	99	0.378
10	0.310	40	0.574	70	1.090	100	0.371
11	0.314	41	0.593	71	1.004	101	0.365
12	0.318	42	0.614	72	0.933	102	0.359
13	0.323	43	0.637	73	0.873	103	0.353
14	0.327	44	0.662	74	0.822	104	0.347
15	0.332	45	0.690	75	0.778	105	0.341
16	0.337	46	0.721	76	0.739	106	0.336
17	0.342	47	0.755	77	0.704	107	0.331
18	0.347	48	0.794	78	0.674	108	0.326
19	0.353	49	0.838	79	0.646	109	0.321

时段/min	比例/%	时段/min	比例/%	时段/min	比例/%	时段/min	比例/%
20	0.358	50	0.889	80	0.621	110	0.317
21	0.364	51	0.948	81	0.598	111	0.312
22	0.370	52	1.017	82	0.577	112	0.308
23	0.377	53	1.101	83	0.558	113	0.304
24	0.384	54	1.203	84	0.541	114	0.300
25	0.391	55	1.333	85	0.524	115	0.296
26	0.398	56	1.502	86	0.509	116	0.292
27	0.406	57	1.736	87	0.495	117	0.288
28	0.414	58	2.082	88	0.482	118	0.285
29	0.422	59	2.655	89	0.470	119	0.281
30	0.431	60	3.824	90	0.458	120	0.278

　　由曹江流域各个雨量站芝加哥雨型 2 h 每分钟的雨型分配比例可以看出（图 3-22、表 3-10），雨量峰值出现时间即为芝加哥雨型位置系数 r 的值对应的时间。由 6 个雨量站 2 h 每分钟间隔芝加哥雨型分配比例可以看出，厚元站、马贵站和下垌站雨型分配较集中，峰值比例较高。厚元站雨峰比例高达 42.04%，可见降雨过程多为尖瘦型。大拜站、白马站和大坡站雨型峰值比例相对较低，降雨过程可能多为矮胖型。

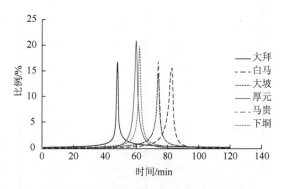

图 3-22　芝加哥雨型 2 h 每分钟间隔过程线

表 3-10　各雨量站雨峰比较

站点	大拜	白马	大坡	厚元	马贵	下垌
雨峰位置/min	48	83	74	60	74	62
雨峰比例/%	15.40	24.31	22.24	42.04	33.70	28.34

3.5　基于非对称极值 Copula 函数的设计暴雨过程线分析

　　台风是全球发生频率最高的一种自然灾害。台风带来的极端降雨过程可导致山洪暴发和衍生滑坡等地质灾害，从而造成重大的生命财产和经济损失。如何应对极端暴雨是城市和山地防灾减灾都需面对的重大问题，一些研究人员从城市应对极端天气事件与防灾减灾的风险管理角度对雨型作了探索。叶姗姗等（2018）选取宿迁市实测的主副型雨峰偏后的暴雨雨型，对其降雨过程进行同频率分时段缩放，采用 Copula 函数的风险联合概率模型分析了不同的两时段之间出现的暴雨风险。蒋明（2015）指出，雨型是描述降雨过程和降雨强度在时间尺度上的分配过程，是径流过程计算的基础。成丹等（2015）把设计雨型作为制定排水防涝系统设计时的重要因素，应用于城市市政排水系统的规划和管理及排水分析，为城市流域雨洪调度计算提供科学依据。杨星等（2013）利用深圳雨量站 34 年实测逐时降雨资料，对比了不同典型暴雨设计雨型研究方面的差异，按构建的两变量 Copula 函数推求了深圳市不同重现期雨型的风险率和典型暴雨的特征。

　　山区中小流域山洪至今仍然是防灾减灾的重要研究方向，为此，可借鉴设计洪水过程线的方法，从高维（大于 2 维）尺度上设计典型暴雨过程，将更有利于山洪风险管理。至今在应用 Copula 函数分析三变量洪水的联合概率分布和设计洪水过程线已有不少研究。侯芸芸等（2010）、Zhang 和 Singh（2007）分别应用对称的单参数阿基米德（Archimedean）Copula 函数分析了洪水三变量的联合概率分布和条件概率分布。由于具有不同相关性的高维随机变量，单参数难以真实反映其复杂的不对称相关结构。非对称形式的 Copula 函数具有更加灵活的参数和结构形式，更适合用于拟合高维的随机变量（陈子燊等，2016）。为此，陈子燊等（2016）、Ganguli 和 Reddy（2013）、Grimaldi 和 Serincesco（2006）分别采用非对称的阿基米德 Copula 函数（asymmetric Archimedean copulas）构建了不对称三变量洪水要素联合分布模型推算设计洪水，以尝试应用于洪水风险规划管理。肖义等（2007）和李天元等（2013）则分别采用两变量和三变量的 Copula 函数建立了联合分布的设计洪水过程线的推求方法，为设计洪水过程线提供了一种新思路。本节尝试把非对称阿基米德极值 Copula 函数用于构建山区中小流域设计暴雨过程线，希望有助于防灾减灾的风险管理。

3.5.1　三变量 Copula 函数

1. Copula 函数的定义

　　设随机变量 $X_i(i=1,2,L,n)$ 的边缘分布函数分别为 $F_{X_i}(x_i)=P(X_i \leqslant x_i)$，其

中，n 为随机变量的个数，x_i 为随机变量 X_i 的值。依 Sklar 理论，对于连续分布函数 $F_{X_i}(x_i)$，存在唯一的联合分布函数

$$H(x_1, x_2, L, x_n) = C[F_{X_1}(x_1), F_{X_2}(x_2), L, F_{X_n}(x_n)] = C(u_1, u_2, L, u_n) \quad (3\text{-}9)$$

利用 Copula 函数构造联合概率分布，使得变量的所有信息都存在于边缘分布函数里，不会在转换过程中产生信息失真。因此，Copula 函数理论是构建多变量水文联合概率分布的很好的工具（熊立华等，2005）。

2. 三变量 Archimedean Copula

三变量对称的 Archimedean Copula 单参数形式（Nelson，2006）为

$$C(u_1, \Lambda, u_j) = \phi_\theta^{-1}[\phi_\theta(u_1) + \Lambda + \phi_\theta(u_j)] \quad (3\text{-}10)$$

式中，$u_j \in [0, 1]$ $(j>1)$ 为边缘分布；φ_θ 为 Archimedean Copula 函数生成元；θ 为参数。

$$C(u_1, u_2, u_3) = \varphi_\theta^{-1}[\varphi_\theta(u_1) + \varphi_\theta(u_2) + \varphi_\theta(u_3)] \quad (3\text{-}11)$$

式中，$u_1 = F_{X_1}(x_1)$，$u_2 = F_{X_2}(x_2)$，$u_3 = F_{X_3}(x_3)$，$u_1, u_2, u_3 \in [0, 1]$；φ_θ 为 Archimedean Copula 函数的生成元；θ 为参数；φ_θ^{-1} 为 φ_θ 的反函数。

三变量非对称 Archimedean Copula 函数的形式（Salvadori and De Michele，2010）为

$$C(u_1, u_2, u_3) = C_1[u_3, C_2(u_1, u_2)] = \varphi_1^{-1}\left\{\varphi_1(u_3) + \varphi_1 \circ \varphi_2^{-1}[\varphi_2(u_2) + \varphi_2(u_1)]\right\} \quad (3\text{-}12)$$

式中，符号"。"表示函数组合。

常用的三变量非对称 Archimedean Copula 函数如下。

1）M3（Frank）Copula 函数

$$C(u_1, u_2, u_3) = -\theta_1^{-1} \ln\left(1 - (1 - e^{-\theta_1})^{-1}\left\{1 - \left[1 - (1 - e^{-\theta_2})^{-1}\right.\right.\right.$$
$$\left.\left.\left.(1 - e^{-\theta_2 u_1}) \cdot (1 - e^{-\theta_2 u_2})\right]^{\theta_1/\theta_2} \cdot (1 - e^{-\theta_1 u_3})\right\}\right), \theta_2 > \theta_1 \in [0, \infty) \quad (3\text{-}13)$$

2）M3（Clayton）Copula 函数

$$C(u_1, u_2, u_3) = \left[\left(-u_1^{-\theta_2} + u_2^{-\theta_2} - 1\right)^{\theta_1/\theta_2} + u_3^{-\theta_1} - 1\right]^{-1/\theta_1}, \theta_2 > \theta_1 \in [0, \infty) \quad (3\text{-}14)$$

3）M5（Arch2）Copula 函数

$$C(u_1, u_2, u_3) = 1 - \left(\left\{(1 - u_1)^{\theta_2}[1 - (1 - u_2)^{\theta_2}] + (1 - u_2)^{\theta_2}\right\}^{\theta_1/\theta_2}\right.$$
$$\left.\times \left[1 - (1 - u_3)^{\theta_1}\right] + (1 - u_3)^{\theta_1}\right)^{1/\theta_1}, \theta_2 > \theta_1 \in [1, \infty) \quad (3\text{-}15)$$

4）M6（Gumbel-Hougaard）Copula 函数

$$C(u_1, u_2, u_3) = \exp\left(-\left\{\left[(-\ln u_1)^{\theta_2} + (-\ln u_2)^{\theta_2}\right]^{\theta_1/\theta_2}\right.\right.$$
$$\left.\left. + (-\ln u_3)^{\theta_1}\right\}^{1/\theta_1}\right), \theta_2 > \theta_1 \in [1, \infty) \tag{3-16}$$

5）M12（Arch12）Copula 函数

$$C(u_1, u_2, u_3) = 1 - \left\{\left[\left(u_1^{-1} - 1\right)^{\theta_2} + \left(u_2^{-1} - 1\right)^{\theta_2}\right]^{\theta_1/\theta_2}\right.$$
$$\left. + \left[\left(u_3^{-1} - 1\right)^{\theta_1}\right]^{1/\theta_1} + 1\right\}^{-1}, \theta_2 > \theta_1 \in [1, \infty) \tag{3-17}$$

3.5.2　三变量联合重现期和条件重现期

以运算符"∨"定义"或"，三维极端事件中至少有一个被超过情况下的"或"联合重现期为

$$T_{u_1, u_2, u_3}^{\vee} = \frac{1}{P(X_1 > x_1 \vee X_2 > x_2 \vee X_3 > x_3)} = \frac{1}{1 - C(u_1, u_2, u_3)} \tag{3-18}$$

以"∧"定义"且"，三维极端事件同时被超过情况下的"且"联合重现期为

$$T_{u_1, u_2, u_3}^{\wedge} = \frac{1}{P(X_1 \geqslant x_1 \wedge X_2 \geqslant x_2 \wedge X_3 \geqslant x_3)}$$
$$= \frac{1}{1 - u_1 - u_2 - u_3 + C(u_1, u_2) + C(u_1, u_3) + C(u_2, u_3) - C(u_1, u_2, u_3)} \tag{3-19}$$

两个不超过事件发生时的条件概率为

$$F\left(x_1 \middle| X_2 \leqslant x_2, X_3 \leqslant x_3\right) = \frac{C(u_1, u_2, u_3)}{C(u_2, u_3)} \tag{3-20}$$

则事件 $\left(X_1 > x_1 \middle| X_2 \leqslant x_2, X_3 \leqslant x_3\right)$ 下的条件重现期为

$$T\left(x_1 \middle| X_2 \leqslant x_2, X_3 \leqslant x_3\right) = \frac{1}{1 - F\left(x_1 \middle| X_2 \leqslant x_2, X_3 \leqslant x_3\right)} \tag{3-21}$$

两个等量事件发生时的条件概率为

$$F\left(x_1 \middle| X_2 = x_2, X_3 = x_3\right) = \frac{\partial^2 F(x_1, x_2, x_3) / \partial x_2 \partial x_3}{f_{x_2 x_3}(x_2, x_3)} = \frac{\partial C(u_1, u_2, u_3)}{\partial u_2 \partial u_3} \tag{3-22}$$

则事件 $\left(X_1 > x_1 \middle| X_2 = x_2, X_3 = x_3\right)$ 发生条件下的条件重现期为

$$T\left(x_1 \middle| X_2 = x_2, X_3 = x_3\right) = \frac{1}{1 - F\left(x_1 \middle| X_2 = x_2, X_3 = x_3\right)} \tag{3-23}$$

一个等量事件发生条件下的条件概率为

$$F\left(x_1, x_2 \middle| X_3 = x_3\right) = \frac{\partial C(u_1, u_2, u_3)}{\partial u_3}$$　　　　（3-24）

则事件至少有一个为超过事件发生条件下的条件重现期为

$$T = \frac{1}{1 - F\left(x_1, x_2 \middle| X_3 = x_3\right)}$$　　　　（3-25）

一个不超过事件发生条件下的条件概率为

$$F\left(x_1, x_2 \middle| X_3 \leqslant x_3\right) = \frac{C(u_1, u_2, u_3)}{u_3}$$　　　　（3-26）

则事件至少有一个为超过事件发生条件下的条件重现期为

$$T = \frac{1}{1 - F\left(x_1, x_2 \middle| X_3 \leqslant x_3\right)}$$　　　　（3-27）

3.5.3　实例研究

1. 流域水文气象背景与基本数据

选取广东省曹江流域为实例研究。曹江是广东省独流入海的鉴江的一级支流，发源于高州市马贵镇山心村的蓝蓬岭。出口断面大拜水文站集水面积为 394 km²，属于典型的中小流域。曹江流域多年平均年雨量约 2160 mm，最大年雨量可达 3150 mm，是广东省的台风暴雨高区之一。1967 年 11 月 7 日代号为 6720 的"艾玛"超强台风，在流域西侧的湛江市登陆，最大风速 65 m/s，中心气压 912 hPa。2013 年 8 月 14 日代号为"尤特"的超强台风，在流域东侧的阳江市登陆，最大风速 60 m/s，中心气压 925 hPa。大拜水文站测得二者最大 24 h 雨量分别为 419.9 mm 和 412.1 mm，均达到特大暴雨级别，也是 1967～2013 年两个最大的 24 h 雨量。

根据曹江流域出口断面大拜水文站 1967～2013 年逐时降水记录数据，首先提取历年最大 24 h 雨量（R_{24}），再分别提取最大 1 h 雨量（R_1）和连续最大 6 h 雨量（R_6）数据，由 R_1、R_6 和 R_{24} 作为实例分析的样本，分别构建 1967～2013 年这三个历时雨量联合分布的两场台风设计暴雨过程线。

2. 边缘分布与联合分布

分别采用 P-III 型分布和 GEV 分布对 R_1、R_6 和 R_{24} 样本加以拟合。参数估计使用线性矩（L-矩）法。经验频率分布使用 Gringorten 公式计算。拟合结果采用均方根误差（RMSE）和概率图相关系数（probability plot correlation coefficient，

PPCC）检验其拟合优度。根据对（表 3-11）择优对比结果表明，R_1、R_6 和 R_{24} 都以 GEV 分布相对更优。

表 3-11　曹江大拜水文站三变量暴雨样本的边缘分布参数与优度检验值

样本	边缘分布	形态参数	尺度参数	位置参数	RMSE	PPCC
R_1	GEV	28.339	12.387	−0.036	2.276	0.990
	P-Ⅲ型	7.850	2.922	0.104	2.375	0.989
R_6	GEV	80.182	28.601	−0.175	4.146	0.997
	P-Ⅲ型	48.735	1.339	0.025	6.406	0.991
R_{24}	GEV	152.373	53.132	−0.012	16.056	0.978
	P-Ⅲ型	56.741	3.438	0.027	17.211	0.971

广义极值（GEV）分布函数为

$$F_X(x) = P(X < x) = \begin{cases} \exp\left(-\left\{1 - \xi[(z-\mu)/\beta]\right\}^{1/\xi}\right), & \xi \neq 0 \\ \exp\left(-\exp\left\{[(z-\mu)/\beta]\right\}\right), & \xi = 0 \end{cases} \qquad (3\text{-}28)$$

式中，ξ、β、μ 分别为形态参数、尺度参数、位置参数。

计算的 R_1、R_6 和 R_{24} 两两间的 Kendall 相关系数 τ 表明大拜水文站不同历时暴雨间都存在正相关性，其中 R_6 和 R_{24} 最强，$\tau = 0.484$；R_1 和 R_6 相关性次之，$\tau = 0.399$；R_1 和 R_{24} 相关性较弱，$\tau = 0.171$。采用 Kendall 相关系数 τ 与 Copula 函数参数 θ 的关系式，构建 5 种非对称三变量 Archimedean Copula 函数（Zhang and Singh，2007）。为了对比，分别将对应的 5 种对称三变量 Archimedean Copula 函数通过 MLM 法计算其参数 θ。采用 Akaike 信息准则（AIC）、普通最小二乘法（OLS）准则和 Genest-Rivest 图形法验证理论联合分布函数与经验联合分布函数的拟合程度，结果见表 3-12、表 3-13 和图 3-23。可见以二维 Gumbel-Hougaard(G-H) 为基的 Copula 函数的三维非对称形式的 M6 Copula 函数的 OLS 和 AIC 值最小，拟合度最高，各点均匀的分布在 45°线左右的非对称 Archimedean M6 Copula 函数具有相对最优的拟合度。Nelson（2006）、Salvadori 和 De Michele（2010）证明当且仅当边缘分布和 Copula 函数均为极值分布时，构造的联合分布才是极值分布，而 Gumbel-Hougaard Copula 函数是 Archimedean Copula 函数族中的唯一多变量极值 Copula 函数，适用于极端事件的频率分析。考虑到 R_1、R_6 和 R_{24} 之间的相关性存在明显差别，因此，选用非对称 Archimedean M6 Copula 函数构建大拜水文站历年最大 24 h 雨量不同历时 R_1、R_6 和 R_{24} 之间的三维联合分布

$$C(u_1, u_2, u_3) = \exp\left(-\left\{\left[(-\ln u_1)^{1.937} + (-\ln u_2)^{\theta_2}\right]^{1.395/1.937} + (-\ln u_3)^{1.395}\right\}^{1/1.395}\right)$$

（3-29）

表 3-12　非对称型三变量 Copula 函数参数估计及拟合优度对比评价

Copula 函数	θ_1	θ_2	OLS	AIC
M3	4.000	5.438	0.042	−127
M4	0.790	1.875	0.036	−134
M5	2.801	3.875	0.056	−116
M6	1.395	1.937	0.034	−136
M12	0.927	1.292	0.035	−134

表 3-13　对称型三变量 Copula 函数参数估计及拟合优度对比评价

Copula 函数	θ	OLS	AIC
Frank	3.260	0.037	−133
Clayton	0.980	0.036	−134
Arch2	7.570	0.087	−98
G-H	1.550	0.035	−134
Arch12	1.040	0.036	−134

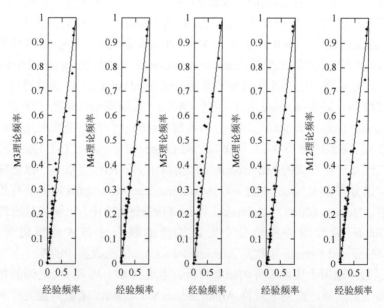

图 3-23　5 种非对称 Archimedean Copula 函数的概率分布拟合

3. 典型暴雨过程线选择

典型暴雨的特征，包括降雨集中程度、雨峰位置和雨峰大小等。典型暴雨过程线的选择采用以下原则。

（1）选择雨峰量大具有一定代表性的实测暴雨过程线。

（2）从防洪安全考虑，对主峰靠后和主峰靠前的两种雨型的风险概率加以对比。

（3）设计暴雨过程线采用同频率法，以降水主峰为流域洪水形成首要影响因子，选定时段为 1 h 的设计雨峰为设计标准，使得放大的过程线形状能与原来的典型过程一致。

按照短历时强降水强度 20 mm/h 划分雨峰，根据典型年暴雨过程的雨峰位置，选取 1967 年和 2013 年作为曹江流域设计暴雨的典型年，24 h 暴雨过程见图 3-24。如图 3-24 所示，1967 年最大 24 h 暴雨过程为主副多峰雨型，主峰靠后；2013 年最大 24 h 暴雨过程为单峰雨型，主峰靠前。这两个典型暴雨 R_1、R_6、R_{24} 3 个时段最大降水量与相应的重现期见表 3-14。

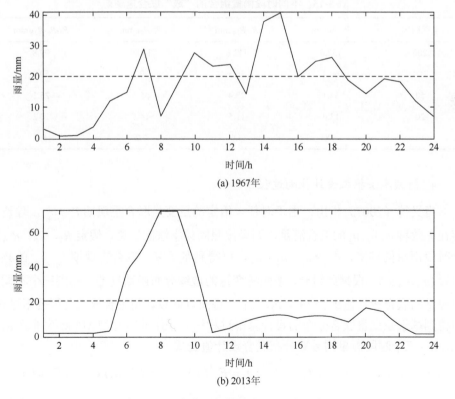

(a) 1967年

(b) 2013年

图 3-24　两个典型年的最大 24 h 暴雨过程

表 3-14　两个典型年 R_1、R_6、R_{24} 最大降水量及重现期

典型年	R_1		R_6		R_{24}		R_1-R_6-R_{24}	
	雨量/mm	重现/年	雨量/mm	重现期/年	雨量/mm	重现期/年	"或"联合重现期/年	"且"联合重现期/年
1967 年	40.8	3.2	168.6	12.3	419.9	132.8	3.1	111.3
2013 年	74.5	33.5	285.0	103.8	412.1	115.7	28.2	331.7

从表 3-14 可见，1967 年和 2013 年的 R_1-R_6-R_{24} 组合雨量的"或"联合重现期小于单一时段雨量重现期，说明考虑多时段组合条件下某一时段雨量致灾的可能性最高，相比较同时出现三时段组合雨量的"且"联合重现期可能性很小。表 3-15 为不同时段雨量组合的"或"联合重现期，可见同频率下 R_1-R_6-R_{24} 三时段组合雨量的"或"联合重现期最小，危险率最高。因此，如果以三时段雨量组合的"或"联合重现期作为流域的防雨洪标准，由此设计的暴雨过程线对于应对流域雨洪风险更合适。

表 3-15　不同时段雨量组合的"或"联合重现期

重现期/年	R_1-R_6/mm	R_1-R_{24}/mm	R_6-R_{24}/mm	R_1-R_6-R_{24}/mm
200	132.0	112.8	140.0	99.8
100	66.1	56.5	70.1	50.0
50	33.1	28.4	35.1	25.1
20	13.4	11.5	14.1	10.2
10	6.8	5.9	7.2	5.2

4. 同频率法推求设计暴雨过程线

肖义等（2007）指出，由于对任一给定的三变量联合重现期 T_{u_1,u_2,u_3}，理论上存在无数种 u_1, u_2, u_3 的组合满足，如果按照同频率法的思路，假定 R_1、R_6、R_{24} 三个时段雨量同频率，即令 $u_1 = u_2 = u_3$，可得到基于某一联合重现期 T_{u_1,u_2,u_3} 的频率组合 (u_1, u_2, u_3)。根据此组合，按照各变量的边缘分布函数反推可得到三个不同时段雨量的联合设计值组合 (r_1, r_6, r_{24})，进而以此设计值组合放大典型暴雨过程，即得到基于三变量联合分布的设计暴雨过程线。采用非对称型 M6 函数推算 R_1、R_6、R_{24} 三个时段雨量同频率分布联合设计值公式

$$u_1 = u_2 = u_3 = \left[1 - (1/T_{u_1,u_2,u_3})\right]^{\alpha}; \quad r_1 = F^{-1}(u_1)、\quad r_2 = F^{-1}(u_2)、\quad r_3 = F^{-1}(u_3)$$

$$(3\text{-}30)$$

式中，$\alpha = (2^{\theta_1/\theta_2} + 1)^{-1/\theta_1}$；$T_{u_1,u_2,u_3}$ 为"或"联合重现期；$F_{u_i}^{-1}(u_i)$ 为边缘分布函数的反函数。

按相同原理，可分别推算两变量 u_1, u_2 的重现期 T_{u_1,u_2}、u_1, u_3 的重现期 T_{u_1,u_3} 和 u_2, u_3 的重现期 T_{u_2,u_3} 的同频率分布联合设计值。

从表 3-16 多变量同频率分布联合设计值计算结果可见，R_1-R_6-R_{24} 组合同频率分布设计暴雨设计值明显大于其他同一重现水平组合和单一时段暴雨的设计值。由于多变量方法是基于多个时段组合的联合重现期，考虑了变量之间的相关性，设计值会大于单变量同频率分布联合设计值。有关研究结果（陈子燊等，2016；2018）显示，三变量同频率分布联合设计值十分接近按联合概率密度最大值推算的三变量"或"联合重现期设计值。作为工程设计与风险管理，尽管存在偏向安全问题，但采用 R_1-R_6-R_{24} 组合暴雨同频率设计值为更高安全标准的防雨洪工程设计或风险预警提供了科学依据。

表 3-16　不同时段组合设计暴雨同频率分布联合设计值和单一时段样本设计值

雨量样本组合	重现期/年	R_1/mm	R_6/mm	R_{24}/mm
R_1-R_6-R_{24}	200	112.3	389.7	487.0
	100	101.7	335.4	447.4
R_1-R_6	200	106.9	361.3	—
	100	96.5	310.3	—
R_1-R_{24}	200	109.3	—	475.8
	100	98.8	—	436.3
R_6-R_{24}	200	—	356.8	463.5
	100	—	306.2	424.0
R_1/R_6/R_{24}	200	100.6	330.0	443.1
	100	90.3	282.6	403.8

选取 1967 年和 2013 年的受台风影响的两场典型暴雨过程进行同频率分时段缩放。放大倍数系数公式：$K = X_{设计}/X_{典型}$。式中，$X_{设计}$ 为不同重现期的设计降雨量；$X_{典型}$ 为典型暴雨降雨量。以雨峰同频率法求重现期 200 年（$P = 0.05\%$）R_1-R_6-R_{24} 3 个时段雨量联合分布的设计暴雨过程线。为了比较，另推求了 R_1-R_6 和 R_1-R_{24} 两变量联合分布及以雨峰同频率放大的设计暴雨过程线。由图 3-25 可见，多变量方法与单变量方法所推求的 200 年一遇设计暴雨过程线的比较显示，采用 R_1-R_6-R_{24} 组合方法推求的 3 个时段雨量的设计值均大于相应单一时段样本推

算的设计值，也大于采用 2 个时段雨量组合的设计值。可见，采用 R_1-R_6-R_{24} 组合方法放大的过程线对流域防雨洪设计工程更安全；采用 R_1-R_6-R_{24} 组合的设计暴雨过程线也更加符合流域水文现象的内在规律和防洪工程实际的要求。

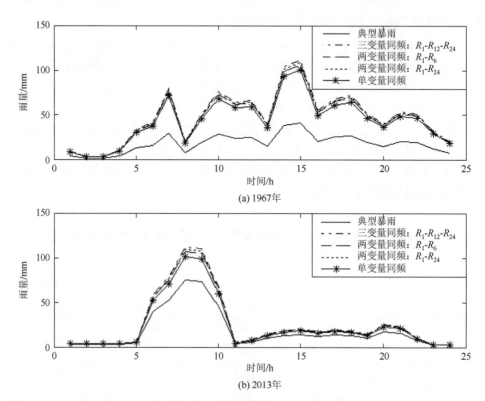

图 3-25　1967 年和 2013 年典型暴雨 3 个时段组合、2 个时段组合和单一时段方法推求的 200 年一遇设计暴雨过程线比较

5. 设计暴雨过程线的条件重现期及危险率

按式（3-20）～式（3-27）分别推算了 1967 年和 2013 年典型暴雨过程的条件重现期及相应的条件概率，结果见表 3-17。结果显示，当等量事件发生条件下的条件重现期小于不超过事件发生条件下的条件重现期，出现的危险率 P（超值条件概率）则大之；1967 年典型暴雨出现的 4 个条件重现期都分别小于 2013 年主峰靠前的单峰雨型的对应条件重现期，危险率则反之。其中，24 h 雨量（419.9 mm）等量事件发生条件下出现的重现期最小，危险率最大。这表明主副多峰雨型且主峰靠后的 1967 年暴雨过程对于流域防洪安全具有更大的威胁。

有理由相信，对于主副多峰雨型且主峰靠后的暴雨过程，由于前期降雨使得流域下垫面土壤水趋于饱和产生超渗产流，叠加在后期雨峰形成的坡面流将汇集形成更强的洪水过程，因此流域出现洪水的风险更大，是流域防范雨洪风险的最主要类型。

表 3-17 两个典型设计暴雨过程的条件重现期与危险率

典型年	$F(x_1, x_2 \mid X_3 \leqslant x_3)$		$F(x_1, x_2 \mid X_3 = x_3)$		$F(x_1 \mid X_2 \leqslant x_2, X_3 \leqslant x_3)$		$F(x_1 \mid X_2 = x_2, X_3 = x_3)$	
	T/a	P	T/a	P	T/a	P	T/a	P
1967	3.2	0.314	1.0	0.983	3.9	0.259	1.6	0.611
2013	37.6	0.027	1.4	0.725	45.0	0.022	11.0	0.091

3.6 本 章 小 结

通过对研究区年、月、日和小时 4 个不同时间分辨率的实测和不同组合插值的降水过程对比分析发现：①不同站点组合插值的降水过程均能较好反映径流过程；②不同站点组合插值的降水过程能综合反映流域降水特征；③不同站点组合插值降水过程削弱了降水峰值，模拟洪峰流量将偏小。

设计暴雨是流域暴雨洪水分析重要的基础，对设计暴雨选样、雨型和设计暴雨公式的研究现状进行综述，采用年最大值选样 4 种概率分布函数：Gumbel 分布、P-III 型分布、GEV 分布、GLO 分布推算曹江流域各站点的设计暴雨公式。其选样和雨型的选择类型有很多，广东省采用同频率雨型作为设计暴雨雨型分配。根据广东省同频率雨型对实际降雨过程进行了归类划分 6 h、12 h、24 h 雨量过程，实际降雨过程与《广东省暴雨径流查算图表》给定雨型有一定差别。从曹江流域各个雨量站芝加哥雨型 2 h 每分钟的雨型分配比例可以看出，雨量峰值出现时间即为芝加哥雨型雨峰位置系数 r 对应的时间。各雨量站雨峰位置系数 r 的取值范围约为 0.39~0.68，表明了一场降雨雨峰位置较为集中。

将不同历时雨量之间具有相关关系的暴雨过程简化为雨峰，1 h 雨量、6 h 雨量和 24 h 雨量三变量联合分布，采用非对称极值 Copula 函数构建曹江流域典型暴雨过程线，并与由 2 个时段和由单一时段的同频率设计暴雨过程线方法进行了比较，结果表明：①采用 3 个时段雨量联合分布推求的曹江流域设计暴雨值大于 2 个时段联合分布和单一时段设计暴雨值，同频率放大的设计暴雨过程线，整体效果相对最优，为设计雨型的研究提供了新思路与方法；②按 24 h 最大雨量选取的主峰靠后的多峰暴雨过程危险率最大，构建的典型设计暴雨过程线最具代表性；③以 3 个时段雨量组合的"或"联合重现期作为流域的设计标准适用于应对流域雨洪风险。

参 考 文 献

岑国平, 1999. 暴雨资料的选样与统计方法[J]. 中国给水排水, 25（4）：1-4.

陈子燊, 黄强, 刘曾美, 2016. 基于非对称 Archimedean Copula 的三变量洪水风险评估[J]. 水科学进展, 27（5）：763-771.

陈子燊, 刘占明, 赵青, 2018. 洪水峰量联合分布的4种重现水平对比[J]. 中山大学学报（自然科学版）, 57（1）：130-135.

成丹, 陈正洪, 方怡, 2015. 宜昌市区短历时暴雨雨型特征[J]. 暴雨灾害, 34（3）：249-253.

贺芳芳, 徐卫忠, 周坤, 等, 2018. 基于雷达资料的上海地区暴雨面雨量计算及应用[J]. 气象, 44（7）：944-951.

侯芸芸, 宋松柏, 赵丽娜, 等, 2010. 基于 Copula 函数的3变量洪水频率研究[J]. 西北农林科技大学学报（自然科学版）, 38（2）：219-228.

蒋明, 2015. 新暴雨形势下上海市设计暴雨雨型研究[J]. 湖南理工学院学报（自然科学版）, 28（2）：69-73.

李天元, 郭生练, 闫宝伟, 等, 2013. 基于多变量联合分布推求设计洪水过程线的新方法[J]. 水力发电学报, 32（3）：10-14.

刘俊, 郭亮辉, 张建涛, 等, 2006. 基于 SWMM 模拟上海市区排水及地面淹水过程[J]. 中国给水排水, 22（21）：64-66.

彭博, 2016. 降雨空间分布及点面关系研究[D]. 合肥：合肥工业大学.

钱王骋, 1987. 中小流域设计雨型问题的探讨[J]. 广东水利水电, 2：18-24.

任伯帜, 龙腾锐, 王利, 2003. 采用年超大值法进行暴雨资料选样[J]. 中国给水排水, 19（5）：79-81.

芮孝芳, 宫兴龙, 张超, 等, 2009. 流域产流分析及计算[J]. 水力发电学报, 28（6）：146-150.

王文本, 金社军, 刘汉武, 2019. 多种集成方法在巢湖流域面雨量预报中的效果检验[J]. 水资源研究, 8（4）：404-411.

肖义, 郭生练, 刘攀, 等, 2007. 基于 Copula 函数的设计洪水过程线方法[J]. 武汉大学学报（工学版）, 40（4）：13-17.

熊立华, 郭生练, 肖义, 等, 2005. Copula 联结函数在多变量水文频率分析中的应用[J]. 武汉大学学报（工学版）, 38（6）：16-19.

徐晶, 林建, 姚学祥, 等, 2001. 七大江河流域面雨量计算方法及应用[J]. 气象, 27（11）, 13-16.

徐晶, 姚学祥, 2007. 流域面雨量估算技术综述[J]. 气象, 33（7）：15-21.

杨星, 朱大栋, 李朝方, 等, 2013. 按风险率模型分析的设计雨型[J]. 水利学报, 44（5）：542-548.

叶姗姗, 叶兴成, 王以超, 等, 2018. 基于 Copula 函数的设计暴雨雨型研究[J]. 水资源与水工程学报, 29（3）：63-68.

赵琳娜, 包红军, 田付友, 等, 2012. 水文气象研究进展[J]. 气象, 38（2）：147-154.

Ganguli P, Reddy M J, 2013. Probabilistic assessment of flood risks using trivariate copulas[J]. Theoretical and Applied Climatology, 111: 341-360.

Grimaldi S, Serincesco F, 2006. Asymmetric copula in multivariate flood frequency analysis[J]. Advances in Water Resources, 29（8）: 1155-1167.

Nelson R B, 2006. An introduction to copulas[M]. New York: Springer.

Salvadori G, De Michele C, 2010. Multivariate multiparameter extreme value models and return periods: A copula approach[J]. Water Resource Research, 46（10）: W10501.

Zhang L, Singh V P, 2007. Trivariate flood frequency analysis using the Gumbel-Hougaard copula[J]. Journal of Hydrologic Engineering, 12（4）: 431-439.

第4章　中小流域暴雨洪水产汇流机制
及参数化方法

　　水文实验是研究水文过程外在规律，揭示其内在机理最直观、最有效的手段之一。自然界流域的降雨入渗产流过程受多因素综合影响，本书选取对降雨产流过程影响显著的雨强和前期土壤含水量这两个因素作为主要实验变量，以期揭示其对降雨入渗产流过程的影响作用机理。在实验过程中，通过人工降雨系统精确控制雨强大小且保证降雨的时间平稳性和空间均匀性，实现雨强输入的精确控制；通过埋设在土体中的土壤水分传感器，测量记录土体中的土壤含水量变化过程；利用自主设计研发的流量观测记录装置，获得产流过程中精确的流量变化过程。基于详实的实验数据，分析雨强和前期土壤含水量对降雨入渗产流过程的影响规律与作用机理。

4.1　中小流域产汇流模拟中下垫面参数化方法

4.1.1　水文循环物理过程机理及数学表达方法

　　水流运动遵从连续性方程和能量守恒方程，连续性方程通常在水文循环模拟中称为水量平衡方程。由于水流所处介质和特性的不同呈现不同的形式，土壤水在土壤中的非饱和特性符合土壤水运动的理查兹方程；坡面汇流和河道汇流符合有持续净雨输入源的水动力方程，而无旁支输入的河道汇流则符合圣维南方程组；地下水由于其饱和、流动缓慢符合地下水控制方程；由于实际情况复杂和实测资料短缺，动力方程假设条件、初始和边界条件难以满足；在水文循环模拟中，通常用简化方程或经验公式代替动力方程。在产流模拟中土壤水运动的理查兹方程通常只考虑垂向的下渗，基于动力方程的下渗理论提供了揭示下渗规律和分析影响因素的工具，基于上述原因通常由经验下渗公式代替，如 Kostiakov 公式、霍顿公式、菲利普公式、Holtan 公式、Smith 公式、Simth-Parlange 公式等；在水文循环模拟的坡面汇流方面，坡面汇流的动力模型简化主要有基于线性叠加原理的等流时线、单位线过程线、汇流曲线、瞬时过程线等，河道汇流的动力波方程通过对水流惯性项和河道附加比降的忽略简化为扩散波方程和运动波方程，地下水汇流的运动方程通常简化为线型水库方程和非线性水库方程。

1. 土壤水运动的理查兹方程

1931 年理查兹通过实验证明非饱和土壤水运动符合达西定律，即非饱和水流的渗流速度与总土水势梯度成正比，且与土壤中空隙通道的几何性质有关。即

$$v = -K(\theta)\frac{\partial \varphi}{\partial x} \tag{4-1}$$

与土壤水运动的连续方程

$$-\frac{\partial \theta}{\partial t} = \frac{\partial v_x}{\partial x} + \frac{\partial v_y}{\partial y} + \frac{\partial v_z}{\partial z} \tag{4-2}$$

得到三维理查兹方程

$$\frac{\partial \theta}{\partial t} = \frac{\partial}{\partial x}\left[K_x(\theta)\frac{\partial \varphi}{\partial x} \right] + \frac{\partial}{\partial y}\left[K_y(\theta)\frac{\partial \varphi}{\partial y} \right] + \frac{\partial}{\partial z}\left[K_z(\theta)\frac{\partial \varphi}{\partial z} \right] \tag{4-3}$$

通常在水文循环模拟中仅考虑垂直方向的非饱和水流运动，则简化为垂向一维理查兹方程

$$\frac{\partial \theta}{\partial t} = \frac{\partial}{\partial z}\left[K(\theta)\frac{\partial \varphi}{\partial z} \right] \tag{4-4}$$

该方程是水文循环过程中下渗和土壤蒸发讨论的基本依据。

2. 汇流动力方程

天然河道里的洪水波运动属于非恒定流。其水力要素随时间空间变化。1871 年法国的 Barre de Saint-Venant 提出了非恒定流的基本方程组，当无旁侧入流时其形式为

$$\frac{\partial A}{\partial t} + \frac{\partial Q}{\partial L} = 0 \tag{4-5}$$

$$-\frac{\partial Z}{\partial L} = S_f + \frac{1}{g}\cdot\frac{\partial v}{\partial t} + \frac{v}{g}\cdot\frac{\partial v}{\partial L} \tag{4-6}$$

式中，A 为过水断面，m^2；Q 为过水断面流量，m^3/s；L 为沿河道的距离，m；Z 为水位，m；v 为断面流速，m/s；S_f 为摩阻比降。

3. 地下水运动的控制方程

地下水运动的连续方程为

$$\frac{\partial}{\partial t}[\rho_w n \Delta x \Delta y \Delta z] = -\left[\frac{\partial(\rho_w v_x)}{\partial x} + \frac{\partial(\rho_w v_y)}{\partial y} + \frac{\partial(\rho_w v_z)}{\partial z}\right]\Delta x \Delta y \Delta z \qquad (4\text{-}7)$$

能量守恒方程为

$$\begin{cases} v_x = -K_{sx}\dfrac{\partial \varphi}{\partial x} \\[2mm] v_y = -K_{sy}\dfrac{\partial \varphi}{\partial y} \\[2mm] v_z = -K_{sz}\dfrac{\partial \varphi}{\partial z} \end{cases} \qquad (4\text{-}8)$$

式中，v_x，v_y，v_z 是 X，Y，Z 三个方向上的地下水流速；K_{sx}，K_{sy}，K_{sz} 是三个方向上的饱和渗透系数。

4.1.2　水文循环模拟中产汇流模拟方法

水文循环模拟中产流模拟方法主要有：蓄满产流、超渗产流、混合产流、和降雨径流相关关系等方法（包为民和张建云，2009；包为民，2006），常见水文模型的产流方法汇总见表 4-1。

表 4-1　常用水文模型产流方法汇总

产流类型	产流方法	常用模型
降雨径流相关关系	SCS 曲线数法、非线性时变增益产流方法	DTVGM、HIMS、SWMM、SWAT、HEC-HMS
蓄满产流	流域蓄水容量曲线法	新安江模型、VIC、EasyDHM
	地形指数	TOPMEDEL、TOPKAPI
超渗产流	下渗曲线法	陕北模型、水箱模型、EasyDHM、TOPMEDEL、VIC
	Green&Ampt	SWAT、WEP、HIMS、SWMM、PRMS、HEC-HMS
混合产流	理查兹方程	VIC、WEP、VIP、MIKE SHE

水文循环模拟中汇流模拟包括坡面汇流计算及河道流量演算。河道汇流模拟方法主要有：圣维南方程组、运动波方程、动力波方程、扩散波方程、惯性波方程、水库调洪演算法、马斯京根（Muskingum）法、Muskingum-Cunge 法、变量存储系数法等（张文华和郭生练，2008）。在大、中型流域，研究地表径流汇流时，常忽略坡面汇流阶段，只考虑河道流量演算，但在小流域汇流中不能忽略坡面汇

流，坡面汇流模拟方法主要有：等流时线法、单位线法、线性水库方程、非线性水库方程（李丽，2007）。常见水文模型坡面汇流计算和河道流量演算方法见表4-2。

表4-2　常用水文模型汇流方法汇总

汇流类型	汇流方法	模型
坡面汇流计算	单位线法	新安江模型、SWMIV、HSPF、HEC-1、TOPMODEL、VIC-3L、HIMS、SWAT
	等流时线法	新安江模型、HIMS
	线性水库方程	新安江模型、TOPMODEL、DTVGM
	非线性水库方程	SWMM、TOPKAPI
河道流量演算	运动波方程	HEC-1、TOPKAPI、DTVGM、WEP-L、EasyDHM
	动力波方程	SHE、VIC-3L、PRWS、WEP-L
	马斯京根法	新安江模型、HBV、HEC-1、SWAT、HIMS、EasyDHM
	变量存储系数法	SWAT、EasyDHM

模型的应用目的和模型的时间尺度有关，通常洪水预报要求小时尺度甚至分钟尺度；而水资源管理要求日尺度或者月尺度；气候变化等环境评价月尺度即可满足要求。由于不同时间尺度对产汇流过程描述的刻画细致程度要求不同，所以即使同一模型不同时间尺度在产汇流过程模拟中选取的方法差异较大。进而模型对数据的需求程度也不同。

1. 产流方法

1）植被截留

在水文过程连续模拟中，必须考虑截留，主要受自然特性、植被覆盖类型及密度、季节、降水特性等因素的影响。在实际应用中通常采用经验模型，如Horton模型、LKP模型、Meriam模型等。Horton提出了用于不同植物的一系列经验方程、应用比较广泛的经验公式，参数S_v、C采用经验值。

2）洼地填洼

在平原及坡水区，由于地面洼陷较多，填洼量较大，洼地填洼在很大程度上改变了流域响应，Jia等（2006）、Ullah和Dickinson（1979）提出了洼地容积V(单位：cm^3)与地表坡度s之间的关系；根据地表洼地特征，Linsley等（1975）推导出洼地容积V与洼地蓄量S之间的关系，可以看出在产流过程模拟中，地形的不同对洼地填洼的影响较大。

3）SCS 曲线数法

SCS 曲线数法是在实测资料的基础上经过统计分析并总结而得到的经验关系，在计算地表径流时，SCS 曲线数法将冠层截留、地表蓄水及产前下渗集成到初损中，因此当计算地表径流时，不必单独计算冠层的降雨截留等。SCS 曲线数法计算地表径流的经验公式及截留量的计算公式见表 4-3。土地利用覆被对产流过程的影响主要是通过 CN 值反映，CN 值越大说明流域的截留量越小，地表径流产流量越大。SCS 模型的开发者给出了一套详细的 CN 值查询表，但是由查表得到的 CN 值计算的产流量误差太大，在实际应用中 CN 值的确定仍然是 SCS 曲线数法应用的瓶颈（Mishra and Singh，2003）。

表 4-3　产流原理公式汇总

产流方法		主要原理	主要公式	参数	确定方法	备注
植被截留		Horton 经验公式	$I_n = S_v + CP_c$	S_v、C	经验值	I_n 为截留损失；S_v 为林冠遮蔽区植被；P_c 为植被覆盖处降雨
洼地填洼		流域上填洼量的大小与洼地的分布和降雨量有关	$V = a\exp(-bs)$ $V = (I - f)\exp(-kP_e)$	s、k	由实测资料及公式计算获得	V 为洼地容积；S 为洼地蓄量；I 为雨强；f 为入渗率；P_e 为净雨量；a、b、k 为常数
降雨径流相关关系	SCS 曲线数法	是在实测资料的基础上经过统计分析并总结而得到的经验关系	$Q_{surf} = \dfrac{(R_{day} - I_a)^2}{R_{day} - I_a + S}$ $S = 25.4\left(\dfrac{1000}{CN} - 10\right)$	CN	查表获得	Q_{surf} 为日地表径流；R_{day} 为日降水量；I_a 为初损量；S 为截留量；CN 为流域综合参数
	非线性时变增益产流方法	降雨径流的系统关系是非线性的，其重要的贡献是产流过程中土壤湿度（即土壤含水量）不同所引起的产流量变化	$R(t) = G(t)X(t)$ $G(t) = \alpha API(t)\beta$	α、β	经验值	$R(t)$ 为有效净雨量；$X(t)$ 为降雨量；$G(t)$ 为系统增益，与流域土壤湿度有较理想的线性近似关系；α 和 β 分别为时变增益因子算式的系数和指数
蓄满产流	流域蓄水容量曲线法	流域蓄水容量曲线是将流域内各地点包气带的蓄水容量，按从小到大顺序排列得到的一条蓄水容量与相应面积关系的统计曲线	$\alpha = 1 - \left(1 - \dfrac{WM'}{WMM}\right)^b$ $WM = \dfrac{WMM}{1+b}$	WM、b	由公式计算获得	WM' 为各地点包气带蓄水容量值，WMM 为其中的最大值；α 为流域面积的相对值；WM 为全流域平均的蓄水容量；b 为常数

续表

产流方法		主要原理	主要公式	参数	确定方法	备注
蓄满产流	地形指数	壤中流始终处于稳定状态，单宽集水面积由 α_i 表示，饱和地下水的水力坡度与地表局部坡度 $\tan\beta_i$ 近似	$Q_b = AT_0 \exp(-\lambda^*) \exp(-\bar{z}/S_{zm})$ $\lambda^* = \dfrac{1}{A}\int_A \ln\left(\dfrac{\alpha_i}{\tan\beta_i}\right)\mathrm{d}A$	A、$\bar{z}$、T_0、S_{zm}	由实测资料及公式计算获得	Q_b 为壤中流；T_0 为饱和导水率；A 为流域面积；$\bar{z}$ 为流域平均地表水面深度；S_{zm} 为非饱和区最大蓄水深度
	理查兹方程	理查兹在 1931 年研究流体通过多孔介质中毛细管传导作用时推导得到	$\dfrac{\partial \theta}{\partial t} = \dfrac{\partial}{\partial x}\left[K_x(\theta)\dfrac{\partial \phi}{\partial x}\right]$ $+\dfrac{\partial}{\partial y}\left[K_y(\theta)\dfrac{\partial \phi}{\partial y}\right]$ $+\dfrac{\partial}{\partial z}\left[K_z(\theta)\dfrac{\partial \phi}{\partial z}\right]$	K	由公式计算获得	θ 为含水量；t 为时间；K 为渗透系数；ϕ 为非饱和土壤的总土水势；x、y、z 表示坐标轴方向
超渗产流	下渗曲线法	判别降雨是否产流的标准是雨强是否超过下渗能力，因此，用实测的雨强过程扣除下渗过程，就可得净雨过程，即产流量过程	$F_p(t) = a + bt - a\mathrm{e}^{-\beta t}$ $a = \dfrac{1}{\beta}(f_0 - f_c);\ b = f_c$	f_0、f_c	实测获得	$F_p(t)$ 为 t 时刻累积下渗水量；a 为系数；f_0 为初始入渗率；f_c 为稳定入渗率
	初损后损法	下渗曲线法的一种简化方法，它把实际的下渗过程简化为初损和后损两个阶段	$P_{et} = \begin{cases} 0, & \sum P_i < I_a \\ P_t - f_c, & \sum P_i > I_a,\ P_t > f_c \\ 0, & \sum P_i > I_a,\ P_t < f_c \end{cases}$	I_a、f_c	由实测资料及公式计算获得	P_{et} 为净雨量；P_t 为 t 到 $t+\Delta t$ 时段面平均雨量；I_a 为降雨初损量；f_c 为流域最大潜在的降雨损失率
	盈亏常数法	认为初损是随着时间和降雨的发展而变化的变量，在长期不降雨后，初损量会逐渐恢复至初值	$I_{at} = I_a - P_t + V_t$	I_a、P_t、V_t	由实测资料及公式计算获得	I_{at} 为 t 时刻的初损量；I_a 为最初的初损量；P_t 为 t 时刻的降雨量；V_t 为 t 时刻的初损恢复量
	Green&Ampt(物理概念公式)	假定入渗过程中湿润锋始终为一个干湿截然分开的界面，湿润锋为初始含水量，湿润锋处存在一个固定不变的吸力	$f_t = K\left[\dfrac{1 + (\varphi - \theta_t)S_t}{F_t}\right]$	K、S_t、θ_t、φ	可以通过具体实验测定，也可以采用参考值	f_t 为 t 时段的降雨损失；K 为饱和水力传导度；F_t 为体积土壤缺水量；S_t 为 t 时刻的累积降雨损失；$(\varphi - \theta_t)$ 为湿润土厚度
	Horton(经验下渗公式)	认为入渗率不仅是时间的函数，还应该跟土壤含水量的状态有关。土壤含水量大，则下渗能力低，渗透率增加	$f_p = f_c + (f_0 - f_c)\mathrm{e}^{-kt}$	k、f_c	经验值、具体实验测定	f_p 为下渗容量；f_0 为初始入渗率；f_c 为稳定入渗率；k 为经验参数；t 为入渗历时

续表

产流方法		主要原理	主要公式	参数	确定方法	备注
超渗产流	Kostiakov（经验下渗公式）	认为在下渗过程中，下渗容量 f_p 与累积下渗量 F_p 成反比，α 为比例常数	$f_p = \sqrt{\dfrac{\alpha}{2}}t^{-\frac{1}{3}}$	α	经验值	f_p 为下渗容量；α 为经验参数；t 为入渗历时
	Philip（经验下渗公式）	认为在下渗过程中，(f_p-f_c) 与 (F_p-f_ct) 成反比，α 为比例常数	$f_p = \sqrt{\dfrac{\alpha}{2}}t^{-\frac{1}{2}} + f_c$	α、f_c	经验值、具体实验测定	f_p 为下渗容量；f_c 为稳定入渗率；α 为经验参数；t 为入渗历时
	Hotan（经验下渗公式）	基于蓄量概念的经验下渗公式	$f_p = GI \cdot \alpha \cdot SA^{1.4} + f_c$	α、f_c	根据土壤类型及作物情况确定	f_p 为下渗容量；SA 为表层土壤缺水量；GI 为作物生长指数；α 为地面孔隙率指数；t 为入渗历时
	Smith（经验下渗公式）	认为入渗率受限于降雨强度，然后土壤表面的水压力水头开始趋于零，而 t_p 时刻开始出现径流	$f_p = f_\infty + A(t-t_0)^{-\alpha}$	A、t_0、α	经验值	f_p 为下渗容量；f_∞ 为理论上等于饱和水力传导度；A、t_0、α 分别为与土壤类型、初始土壤含水量、雨强有关的参数
	Smith-Parlange（经验下渗公式）	可用来计算积水后的积水时间和下渗容量	$\displaystyle\int_0^{t_p} idi = \dfrac{B(\theta_i)}{i_p - K_s} \approx \dfrac{s^2/2}{i_p - K_s}$	i_p、s	根据土壤性质或下渗试验获得	i_p 为积水时的雨强；s 为菲利普定义的吸收度；K_s 为饱和水力饱和度

4）非线性时变增益产流方法

水文非线性系统的时变增益模型（TVGM）是由夏军提出的一种简便有效的水文非线性系统方法（Xia，2002）。DTVGM 月模型可以采用 Bagrov 模型的效力参数 N 值，对流域主要土地利用类型进行分类赋值（王纲胜，2005）。

5）流域蓄水容量曲线法

流域的产流过程在空间上是不均匀的，在全流域蓄满前存在部分地区蓄满而产流，一般可由流域蓄水容量曲线表征土壤缺水量空间分布的不均匀性（赵人俊和庄一鸰，1963）。流域蓄水容量曲线，在水循环模拟中常输入的参数有流域平均蓄水容量 WM、流域蓄水容量分布曲线指数 b，WM 值与流域干旱情况有关，指数 b 则反映流域蓄水容量的不均匀性（Pilgrim and Cordery，1975），流域蓄水容量曲线法对流域地形、土地利用覆被及土壤对产流的影响没有明确表述，但参数 b 隐含地表示了下垫面的影响。

6）地形指数

Beven 等（1984）提出的地形指数模型（TOPMODEL），主要是利用地形指数 $\ln(\alpha/\tan\beta)$ 来反映流域水文现象，通过流域含水量来确定源面积的大小，含水量由地形指数确定。地形指数和含水量的关系根据稳态理论进行推导，即假定流域的地下水位动态变化可以由单位面积均匀壤中流控制，用局部坡面角近似表示侧向地下径流通量，流域内地形指数值相等的两点具有水文相似性。

7）下渗曲线法

流域的下渗规律用下渗曲线来表示，土壤下渗曲线的原理见表 4-3，采用下渗曲线法进行产流计算时，为了提高计算精度，降低降雨强度时空分布的不均匀性对产流的影响，降雨时段长度不宜大，常以分钟计，流域也应按雨量站分布状况划分为较小的单元区域进行产流计算。但流域下渗曲线的确定需要很多径流资料或实地试验才能获得，在实际应用中往往难以实现。

应用中对下渗曲线通常采用初损后损法和盈亏常数法进行简化，初损后损法是下渗曲线法的一种简化方法，它把实际的下渗过程简化为初损和后损两个阶段。产流以前的总损失水量称为初损，以流域平均水深表示；后损主要是流域产流以后的下渗损失，以稳定入渗率 f_c 表示。Skaggs 等（1982）给出了不同土壤类型 f_c 的参考值，在缺少数据条件时，可以根据此参考值初步设定流域的入渗率。盈亏常数法与初损后损法类似，但其与初损后损法不同的是，盈亏常数法认为初损量是随着时间和降雨的发展而变化的变量，在长期不降雨后，初损量会逐渐恢复至初值，因此，除了初损量 I_a 和稳定入渗率 f_c 两个参数外，还需要给定恢复速率 v_c。

8）下渗公式

当前下渗公式主要分为物理概念公式和经验下渗公式两类，常见的物理概念公式有 Green&Ampt；经验下渗公式应用较多的有 Horton、Kostiakov、Philip、Hotan、Smith、Smith-Parlange，其主要公式及主要参数的确定见表 4-3，可以看出在采用经验下渗公式进行产流计算时，参数常采用经验值。

综上，水文循环模拟在产流过程的植被截留中考虑土地利用覆被对水循环的影响，在填洼过程中考虑地形对水循环的影响，而在主要的产流方法中，降雨径流相关关系主要通过试验得到的经验关系或者半定量的关系来刻画下垫面的影响；在蓄满产流中主要通过率定型的经验参数考虑地形和土地利用的影响；而超渗产流通常在下渗曲线中通过下渗公式中的经验参数对下垫面中的土壤进行描述，地形和土地利用覆被则是隐含影响因素，并没有直接表述。

2. 汇流方法

经验性地表汇流模拟以线性叠加理论为基础，主要的方法有等流时线法、单位线（包括时段单位线、瞬时单位线、地貌单位线）法及线性水库等简化的方法（詹道江和叶守泽，2000）。

1）等流时线法

等流时线法则是将汇流的物理过程简化，能够较好地应用到分布式水文模型中，等流时线法的原理及主要公式见表 4-4。汇流速度确定是等流时线法的关键，通常根据流域已有实测资料和经验给定，所以该方法对流域下垫面的作用无明确表述，暗含在等流时线法的经验参数中。

表 4-4　汇流原理及公式汇总

	汇流方法	主要原理	主要公式	主要参数	参数确定的方法	备注
坡面汇流计算	等流时线法	假定流域中存在着等流时线，认为在同一条等流时线上的水滴将同时流到出口断面，采用汇流速度得出了等流时线的分布	$Q_t = \dfrac{1}{\Delta t}\sum_{j=k_1}^{k_2} r_{d,j}\Delta A_{t-j+1}$	c	多以洪峰附近的流速值为主要依据确定汇流速度 c 值	Q_t 为 t 时段末的出流量；r_d 为时段净雨量；ΔA_j 为第 j 块等流时面积；Δt 为单位时段长；t 为流量时序；k_1、k_2 为累积界限
	单位线法 — 时段单位线	将流域看作一个系统，假定系统是线性的、不变的，即净雨产生的径流可由线性运算出来	$Q_{d,t} = \sum_{j=k_1}^{k_2} r_{d,j} q_{t-j+1}$	r_d、q	分析法、试错法、最小二乘法、图解法等	Q_d 为流域出口断面时段末直接径流量；r_d 为时段净雨量；q 为单位线时段末流量
	单位线法 — 瞬时单位线	一个单位的瞬时入流通过串联的 n 个等效线性水库的调蓄，其出流就是 IUH	$u(t) = \dfrac{1}{K\Gamma(n)}\left(\dfrac{t}{K}\right)^{n-1}\mathrm{e}^{-t/K}$	n、K	用矩阵法求参数，也可根据地形信息求 n 值，然后用最优化方法求 K 值	n 为反映流域调蓄能力的参数；K 为线性水库的蓄泄系数

续表

	汇流方法	主要原理	主要公式	主要参数	参数确定的方法	备注
坡面汇流计算	单位线法 地貌瞬时单位线	假定瞬时注入流域分布均匀的净雨量是由多个水质点组成的,又假定各水质点间呈弱相关性,因此求流域瞬时单位线就是水质点滞留时间概率密度函数	$Q(t) = I_0 f_B(t), t > 0$ $f_B(t) = \dfrac{\mathrm{d}F_B(t)}{\mathrm{d}(t)}$ $= \sum_{s \in S} f_{x_1} * f_{x_2} * \varLambda * f_{x_k}(t) p(s)$	流速	由公式计算获得	I_0 为净雨量;f_{xi} 为滞留时间;$p(s)$ 为路径概率;* 为卷积相乘
	SCS 模型单位线	SCS 模型单位线的净雨时段是变化的,故不能给出各时段的量纲一单位线纵坐标值,因此,在转绘此量纲一单位线时必须十分准确	$q_p = \dfrac{0.208FR}{t_p}$ $t_p = \dfrac{2}{3} t_c$ $t_c = \dfrac{5}{3} L$ $L = \dfrac{l^{0.8}(S + 25.4)^{0.7}}{7069 y^{0.5}}$ $D = 0.133 t_c$	q_p、L、D	根据公式获得	q_p 为单位线洪峰流量;L 为洪峰滞时;D 为单位线时段长
	线性水库方程	流量水量平衡方程式和蓄量方程式	$K \dfrac{\mathrm{d}Q}{\mathrm{d}t} + Q = I$	K	水文分析法	K 为蓄量常数(平均流域汇流时间)
	非线性水库方程	流量水量平衡方程式和蓄量方程式	$nkQ^{n-1} \dfrac{\mathrm{d}Q}{\mathrm{d}t} + Q = I$	n、k	水文分析法	n、k 为常数
河道流量演算	圣维南方程组	由连续方程和动量方程组成,其基本定律为质量守恒定律和动量守恒定律	$\dfrac{\partial A}{\partial t} + \dfrac{\partial Q}{\partial x} = 0$ $-\dfrac{\partial Z}{\partial x} = S_f + \dfrac{1}{g} \dfrac{\partial \upsilon}{\partial t} + \dfrac{\upsilon}{g} \dfrac{\partial \upsilon}{\partial x}$	x、Z、υ	通过查表获得	x 为沿河道距离;Z 为水位;υ 为断面平均流速
	简化动量方程式 运动波方程	以圣维南方程组为理论基础,忽略动量方程中的惯性项和附加比项	$\dfrac{\partial Q}{\partial t} + c_k \dfrac{\partial Q}{\partial x} = 0$,$c_k = \eta \upsilon$	η	根据实测资料按照公式获得	η 为波速系数
	扩散波方程	以圣维南方程组为理论基础,忽略动量方程中的惯性项	$\dfrac{\partial Q}{\partial t} + c \dfrac{\partial Q}{\partial x} = \mu \dfrac{\partial^2 Q}{\partial x^2}$	C、μ	根据实测资料按公式获得	c 为波速;μ 为扩散系数

续表

	汇流方法	主要原理	主要公式	主要参数	参数确定的方法	备注
河道流量演算	简化动量方程式 动力波方程	动量方程中的每一项均不可忽略	$$\frac{\partial A}{\partial t} + \frac{\partial Q}{\partial x} = 0$$ $$\upsilon\frac{\partial \upsilon}{\partial x} + \frac{\partial \upsilon}{\partial t} + g\frac{\partial y}{\partial x} = g\left(i_0 - \frac{\upsilon^2}{C^2 R}\right)$$	C	通过查表获得	
河道流量演算 经验关系代替动力方程式	水库调洪演算法	水量平衡方程和槽蓄方程	$$V_2 + \frac{\Delta t}{2}Q_2 = \frac{\Delta t}{2}(I_1 + I_2) + V_1 - \frac{\Delta t}{2}Q_1$$	I、Q、V	图解法、试错法	I 为入流量；Q 为出流量；V 为河段槽蓄量
	Muskingum 法	水量平衡方程和槽蓄方程	$$Q_2 = C_0 I_2 + C_1 I_1 + C_2 Q_1$$ $$C_0 = \frac{0.5\Delta t - KX}{0.5\Delta t + K(1-X)}$$ $$C_1 = \frac{0.5\Delta t + KX}{0.5\Delta t + K(1-X)}$$ $$C_2 = \frac{-0.5\Delta t + K(1-X)}{0.5\Delta t + K(1-X)}$$	K、X	可用河段的水力学和地形特征表示参数；也可用最小二乘法、图解法、矩阵法等确定参数	K 为蓄量常数；X 为常数；有各种解释，其范围和它的解释是相互依赖的
	Muskingum-Cunge 法	Muskingum-Cunge 法是对 Muskingum 法的改进，最大的区别在于参数 K、X 的确定，Muskingum-Cunge 法的参数是由水流资料等确定的	$$Q_2 = C_0 I_1 + C_1 I_2 + C_2 Q_1 + C_3 Q_{\text{lat}}$$ C_0、C_1、C_2 公式同上 $$C_3 = \frac{\Delta t}{0.5\Delta t + K(1-X)}$$ $$K = \frac{\Delta x}{c}, \quad X = \frac{1}{2}\left(1 - \frac{Q}{c\Delta x B S_0}\right)$$	K、X	由实测水流资料确定的	c 为波速；Q_{lat} 为旁侧入流；B 为水面宽度；S_0 是河床坡度
	变量存储系数法	对马斯京根法的改进，考虑到河段的洪水波传播时间与河段长度和坡度有关，不同河段的 K 值应该不同	$$K = \frac{L}{V_c}$$ $$V_c = \frac{5V}{3}$$ $$V = \frac{R^{2/3}\sqrt{i}}{n}$$	n、R	通过查表、公式计算获得	n 为曼宁粗糙系数；R 为水力半径

2）单位线法

单位线是一种经典的模拟方法，将流域看作一个整体，不考虑净雨与下垫面的不均匀性，符合倍比性及叠加性条件。时段单位线、瞬时单位线、地貌瞬时单位线的主要公式见表 4-4。Nash（1961；1960；1959）根据串联线性水库概念，利用流域的空间特性对单位线进行改进，提出了瞬时单位线的概念，但瞬时单位线在参数确定仍具有一定的经验性，并不能完全根据流域下垫面信息确定单位线。Iturbe 和 Valdés（1979）提出了地貌瞬时单位线（GIUH）的概念，利用概率论法将流域下垫面信息与单位线联系起来；随后 Gupta 等（1980）对其进行了扩展，提出由地形地貌参数及水力参数表达的地貌瞬时单位线公式。采用地貌瞬时单位线来确定汇流过程是解决无资料地区汇流模拟的有效途径。地貌瞬时单位线和地貌单位线在方法上对产流中流域地形地貌的影响有基于物理机理的刻画部分，但仍是基于流域是一个整体的假设，因此，不能对汇流过程实现空间描述和模拟，无法处理较大流域中降水不均匀的情况。

3）圣维南方程组

河道流量演算是以由水流连续方程和动量守恒方程组成圣维南方程组为理论基础的。圣维南方程组是基于物理机理的河道汇流方程，对河道坡降、糙率均有考虑，同时方程组属于一阶双曲型拟线性偏微分方程组，利用数值解法可以求解，但是求解过程比较复杂，且不一定得到好的效果。

4）简化动量方程式

对圣维南方程组的动量方程进行简化，忽略其中的不同项可得到不同形式的洪水波（运动波、动力波、扩散波、惯性波等）。目前比较常用的有运动波、动力波、扩散波，忽略动量方程中的惯性项和附加比项所描述的洪水波是运动波；扩散波忽略动量方程中的惯性项；动力波动量方程中的每一项均不可忽略（Singh，1994；Govindaraju，1990）。与其他方法相比采用运动波计算汇流所需要的地貌信息较少，应用相对简单，因此，运动波在坡面汇流和分布式水文模型汇流计算中使用比较广泛（Orlandini，1999）。运用圣维南方程组及简化动量方程式计算汇流时对地形信息的要求主要是实测的河道断面资料。

5）经验关系代替动力方程式

此类算法将圣维南方程组中的连续性方程简化为河段水量平衡方程

$$\frac{I_1+I_2}{\Delta t}-\frac{Q_1+Q_2}{\Delta t}=V_2-V_1 \tag{4-9}$$

式中，I_1、I_2 为时段初、末的入流量；Q_1、Q_2 为时段初、末的出流量；V_1、V_2 为时段初、末的河段槽蓄量；Δt 为时段。

动力方程简化为河段的水量平衡方程和槽蓄方程，用 I、Q、V 之间的某种近似关系代替，通过河段的入流过程演算出流过程，不同的近似关系得到不同的演算方法，常用的演算方法有水库调洪演算法（芮孝芳，2004；Zhang et al.，2002）、马斯京根（Muskingum）法、Muskingum-Cunge 法及变量存储系数法，其主要公式见表 4-4。

Muskingum 法在具体应用时首先要确定参数 K 和 X。K 是河段平均传播时间，其值依赖于河段长度和波速。X 表示入流和出流对蓄量的相对影响，X 取值范围为[0~1]。K、X 的确定存在一定的经验性。

Muskingum-Cunge 法是由 Cunge 在 Muskingum 法的基础上提出的，与 Muskingum 法最大的区别是参数 K、X 的确定方式，Muskingum-Cunge 法参数 K、X 可以根据时间步长、河床坡度及洪水波速等直接计算，K、X 的计算公式见表 4-4。Muskingum-Cunge 法能够在一定程度上反映流域地貌和河网结构的空间特性对汇流过程的影响。

地形地貌对汇流过程影响较大，也是被研究最多的影响因子。对小流域而言，地表覆被等下垫面特征会通过糙率等水力学特性影响径流过程，目前的研究还多侧重于有实测资料地区，或通过建立经验关系实现。

在水文循环模拟计算河道流量演算时，需要对坡地及河道进行适当的概化或简化，部分或全部忽略坡面或河道水力特性的空间变化，而采用统一的参数对其进行调试，很大程度上限制了方法本身对汇流过程的空间描述能力和精度。

根据流域水文循环模拟中，地形和土地利用覆被参数化方法对产汇流中机理过程的描述程度将其分为四类：①对地形和土地利用覆被在产汇流中的作用无明确表示的无明确表达类；②用经验参数表示地形和土地利用覆被在产汇流中的作用，经验参数根据实测资料率定的率定型参数类；③根据地形和土地利用覆被与产汇流过程经验关系，通过查表或简单计算得到表示参数值的确定型参数类；④将地形和土地利用覆被与产汇流过程物理关系的参数化方案归为物理过程表达类。

按照产汇流模拟中流域下垫面的流域地形、土地利用覆被和土壤类型参数化对其物理机理描述程度，将参数化方法分类如表 4-5 和表 4-6。

表 4-5　常用产流参数化方法分类表

产流方法		类别
降雨径流相关关系	SCS 曲线数法	确定型参数类
	非线性时变增益产流方法	确定型参数类
蓄满产流	流域蓄水容量曲线法	率定型参数类
	地形指数	确定型参数类
	理查兹方程	物理过程表达类
超渗产流	下渗曲线法	无明确表达类
	初损后损法	无明确表达类
	盈亏常数法	率定型参数类
	Green&Ampt（物理概念公式）	物理过程表达类
	Horton（经验下渗公式）	率定型参数类

产流方法	类别
Kostiakov（经验下渗公式）	率定型参数类
Philip（经验下渗公式）	率定型参数类
Hotan（经验下渗公式）	率定型参数类
Smith（经验下渗公式）	率定型参数类
Smith-Parlange（经验下渗公式）	率定型参数类

超渗产流 对应上述 Kostiakov、Philip、Hotan、Smith、Smith-Parlange 五行

表 4-6　常用汇流参数化方法分类表

汇流方法			类别
坡面汇流计算		等流时线法	率定型参数类
	单位线法	时段单位线	无明确表达类
		瞬时单位线	率定型参数类
		地貌瞬时单位线	物理过程表达类
		SCS 模型单位线	确定型参数类
	线性水库方程		率定型参数类
	非线性水库方程		率定型参数类
河道流量演算		圣维南方程组	物理过程表达类
	简化动量方程式	运动波方程	确定型参数类
		扩散波方程	确定型参数类
		动力波方程	确定型参数类
	经验关系代替动力方程式	水库调洪演算法	率定型参数类
		Muskingum 法	率定型参数类
		Muskingum-Cunge 法	率定型参数类
		变量存储系数法	率定型参数类

4.2　室内人工降雨产流实验

4.2.1　室内实验方案设计

室内人工降雨产流实验在中国科学院地理科学与资源研究所、陆地水循环及地表过程重点实验室、陆地表层水土过程实验大厅进行。实验系统主要包括下垫面系统、人工降雨系统及实验观测记录系统。各子系统均为自主研发、设计、加工，或是对已有装置进行较大改进而得。整个实验系统完整、便捷、先进，特别是在人工降雨系统的可控性、均匀性和天然性，流量观测记录的便捷

性、准确性，以及时间分辨率等指标和环节上的实验技术提升明显。实验系统如图 4-1 和图 4-2 所示。

图 4-1　室内人工降雨产流实验系统实物图

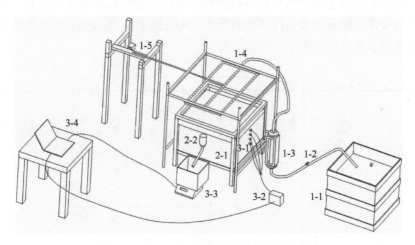

图 4-2　室内人工降雨产流实验系统示意图

人工降雨系统：1-1 供水箱与水泵；1-2 调节阀；1-3 流量计；1-4 人工降雨喷管；1-5 喷管摆动装置。
下垫面系统：2-1 下垫面土槽；2-2 集水出流装置
实验观测记录系统：3-1 土壤水分传感器；3-2 土壤含水量数据采集器；3-3 流量观测装置；3-4 数据记录电脑

入渗产流过程是下垫面对降雨输入的再分配过程，只考虑垂向水分运动时，一部分降雨渗入土体，改变土壤的含水量，剩余降雨形成地表径流。降雨不仅是入渗产流过程的驱动项，也是实验的一个重要影响因素。自然界中降雨的雨型、强度、时空分布是复杂多变的，在室内实验中可以把降雨概化为空间分布均匀、时间过程平稳的均匀降雨，此时，雨强成为降雨的唯一特征因子。前期土壤含水量是降雨入渗产流过程的重要初始条件，同时土壤含水量也随着产流过程的进行不断发生变化。为此，实验方案设计过程中主要考虑雨强和前期土壤含水量这两个变量对入渗产流过程的影响，通过测定记录装置获取产流过程中详细的土壤含水量及径流量的变化过程数据，定量分析雨强和前期土壤含水量的影响规律与作用机理。在实验设计时为排除其他因素的影响，具体操作如下：仅研究裸土产流过程以排除土地利用覆被因素的影响；通过控制坡度小于 3°以排除坡度因素的影响；保证坡面平整来排除填洼的影响；通过筛分保证土壤粒径的均一性，采用均匀装填的方法排除土壤结构差异及土壤分层的影响。

在自然流域中，汛期下垫面土体很难达到较为干燥的前期土壤含水量条件，因此实验土体表面的最低前期土壤含水量条件设为 20%。由于在前期土壤含水量接近饱和时，初始入渗率接近稳定入渗率，入渗产流过程接近线性变化规律，故最高前期土壤含水量条件设为 35%。由于实验土体的前期土壤含水量不能完全精确控制，因此在 20%～35%的变化范围内，前期土壤含水量分为低（20%～25%）、中（>25%～30%）和高（>30%～35%）共 3 类。

在雨强和前期土壤含水量设计范围内，尽可能使实验场次均匀分布，保证每个雨强与前期土壤含水量条件下均有场次。共完成了 57 场实验，各场次的雨强和前期土壤含水量条件如图 4-3 所示。

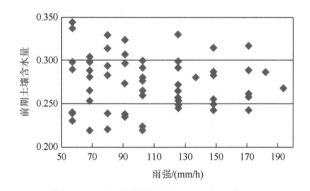

图 4-3　各场次雨强与前期土壤含水量条件

各场次实验过程都需观测到流量稳定的阶段，一般情况下每场降雨产流过程持续 20～30 min。流量过程包括初损阶段、流量变化增加阶段、流量稳定阶段，以及停止降雨后的退水阶段。

4.2.2　室内实验数据分析

前期土壤含水量是指开始降雨时的土壤含水量，一般用土壤体积含水量表示。产流过程（图 4-4）主要包括以下特征值：①初损历时（t_0），初损过程的持续时间，对应开始产流的时刻，单位为 s；②初损量（I_0），初损过程的降水损失量，由雨强乘初损历时求得，单位为 mm；③稳定入渗时刻（t_1），流量和入渗率达到稳定的时刻，单位为 s；④稳定入渗期径流量（q_1），稳定入渗期的平均流量，单位为 mm/h；⑤稳定入渗率（f_c），稳定入渗期的平均入渗率，由雨强减稳定径流量求得，单位为 mm/h；⑥稳定入渗期径流系数（C_1），由稳定径流量除以雨强求得，量纲一。

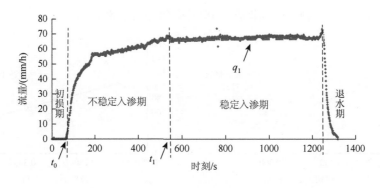

图 4-4　产流过程

1. 初损历时和稳定入渗时刻

初损历时（t_0）是初损过程的持续时间，初损历时受雨强（i）和前期土壤含水量（θ_0）的共同影响，雨强越大，前期土壤含水量越高，初损历时越短。

绘制各场次雨强与初损历时散点图［图 4-5（a）］，发现二者存在幂函数关系（$R^2 = 0.6193$），函数关系如式

$$t_0 = c \cdot i^{-m} \qquad (4\text{-}10)$$

式中，c 为土壤吸水性常数；m 为土壤吸水递减指数；c 和 m 均与下垫面类型和土壤有关。

而前期土壤含水量与初损历时并不存在明显的相关关系［图 4-5（b）］。选取场次数量较为集中的三个雨强条件下的实验数据，排除雨强影响，分析相同雨强条件下，前期土壤含水量对产流过程的影响。三个雨强分别为：75 mm/h、95 mm/h 和 135 mm/h（图 4-6）。发现前期土壤含水量与初损历时存在线性和幂函数两种负相关形式，但相关系数普遍较低，说明初损历时很大程度上由雨强决定。

大致相似的关系也适用于稳定入渗时刻（t_1）（图 4-7 和图 4-8）。稳定入渗时刻与雨强呈现幂函数关系且相关系数较高，$R^2 = 0.5513$，但与前期土壤含水量的

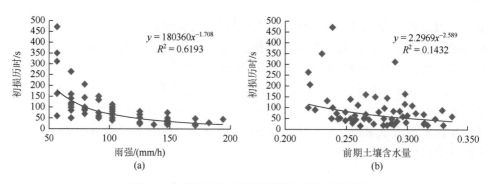

图 4-5　初损历时与雨强及前期土壤含水量关系

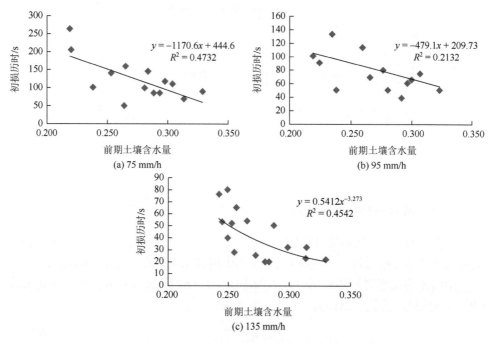

图 4-6　相同雨强条件下初损历时与前期土壤含水量关系

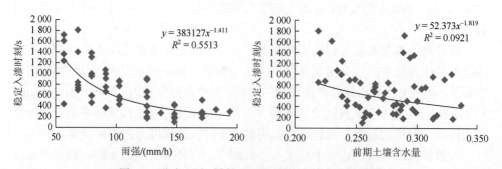

图 4-7　稳定入渗时刻与雨强及前期土壤含水量关系

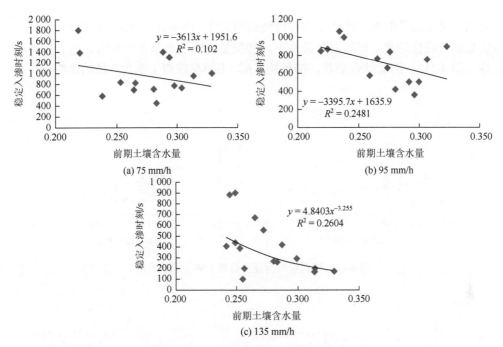

图 4-8　相同雨强条件下稳定入渗时刻与前期土壤含水量关系

相关性较低。相同雨强条件下，稳定入渗时刻与前期土壤含水量存在一定负相关关系，但相关系数普遍较低。

初损历时和稳定入渗时刻是产流过程的两个标志性时刻，两者之间同样存在很好的正相关幂函数关系，$R^2 = 0.6314$（图 4-9）。即产流越快发生，流量越快达到稳定。

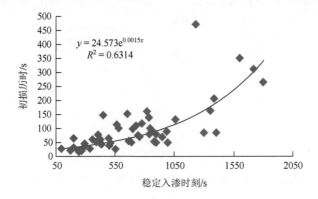

图 4-9　初损历时与稳定入渗时刻关系

2. 初损量

初损量（I_0）是指初损过程的降雨损失量。与前两个特征值相反，初损量与前期土壤含水量的相关性高于其与雨强的相关性（图 4-10）。同样按照雨强不同对实验场次进行分类，相同雨强条件下，初损量与前期土壤含水量的负相关关系明显（图 4-11）。因此综合来看，初损量（I_0）主要受前期土壤含水量的影响。

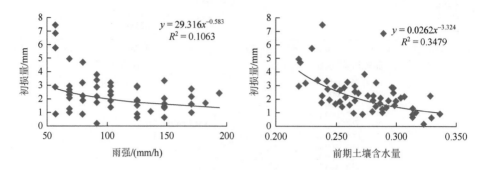

图 4-10　初损量与雨强及前期土壤含水量关系

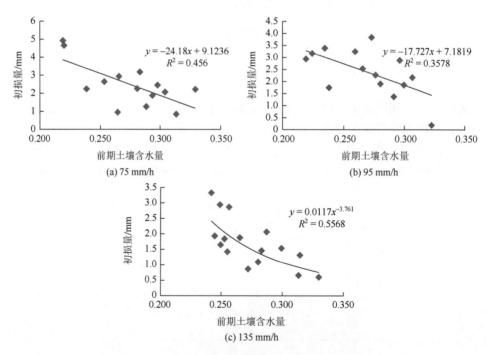

图 4-11　相同雨强条件下初损量与前期土壤含水量关系

3. 稳定入渗率、稳定入渗期径流量和稳定入渗期径流系数

进入稳定入渗期后，降雨径流大致呈现线性变化规律。按照传统的 Horton 下渗理论，随着产流过程的进行，入渗率逐渐减少，最终达到稳定入渗率，稳

定入渗率只与下垫面土体有关，而与雨强和前期土壤含水量无关。实验结果很好地印证了这一点（图 4-12），各场次实验最终的稳定入渗率在 20~45 mm/h 的范围内波动。

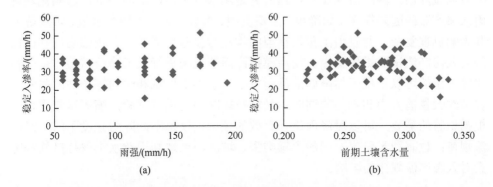

图 4-12　稳定入渗率与雨强及前期土壤含水量关系

　　稳定入渗率的波动可能由以下原因综合造成：①数据来源于 4 个人工降雨实验的土体，土体间土壤结构难免有微小差异，影响入渗过程；②各场次实验最终湿润锋深度和湿润锋所在位置的土壤含水量均不同，影响最终的稳定入渗率；③稳定入渗率由雨强减去稳定入渗期平均流量求得，人工降雨雨强控制的误差被放大（例如 5 mm/h 的误差对于 200 mm/h 雨强来说，误差仅有 2.5%，但对于 35 mm/h 的稳定入渗率来说，误差达到 14%）。但整体而言，稳定入渗率的误差在可接受范围之内，通过计算求得实验土体的稳定入渗率为 34.7 mm/h。

　　由于稳定入渗率为定值，故稳定入渗期径流量（q_1）随雨强的增加呈线性增加，稳定入渗期径流系数（C_1）随雨强增加而增加，但增加速率逐渐变慢，关系如图 4-13 所示。稳定入渗期径流量和稳定入渗期径流系数均与前期土壤含水量无关。

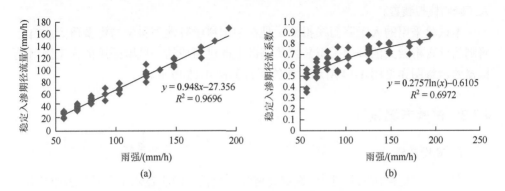

图 4-13　稳定入渗期径流量、稳定入渗期径流系数与雨强关系

4.3　基于野外控制试验的暴雨洪水产汇流机制

流域降雨入渗产流规律与机理研究是洪水预报与防治的关键，影响流域降雨入渗产流的因素很多（如降雨、土壤类型、植被、前期土壤含水量、坡度等），其影响机理复杂，并且山洪预报模型的构建与校验也需要具有较强物理基础的降雨入渗产流试验提供支撑。使用模拟降雨装置来进行人工降雨试验，是一种比较理想的可以重现天然降雨的降雨方法，它不受地域和时间等条件的限制，在节约大量的人力和物力的同时，又能在短时期内重复试验，缩短试验周期；根据试验的需要，可以对降雨进行有效的控制，模拟不同降雨强度下的入渗产流规律；也有利于研究不同的土壤类型、坡度、土地利用及水土保持措施等因素对入渗产流规律的影响。

4.3.1　试验器材

1930 年以后，部分研究人员利用喷壶来喷发雨滴从而开展降雨试验模拟，这就是最初的人工模拟降雨器。之后的一段时间，又有研究人员使用结构相对简单的喷管作为降雨器。至 20 世纪 40 年代末 50 代初，伴随着对天然状态下降雨特性的分析更加透彻和模拟降雨方法的广泛应用，人工模拟降雨设备的研发得到了广泛的重视，随后不同种类降雨设备不断地被研发出来。

我国水文学者在 20 世纪 60 年代初期开始引进并自主研制模拟降雨的装置，在径流观测和土壤侵蚀等方面的试验研究工作中引入人工模拟降雨的方法。较早进行这项工作的有中国科学院地理科学与资源研究所（原中国科学院北京地理研究所）、中铁西南科学研究院（原铁道部科学研究院西南分院）等单位，使用针管桁架式的人工降雨模拟装置；中国科学院水利部水土保持研究所和黄河水利科学研究院，使用侧喷式人工降雨模拟装置。

本试验采用的人工降雨模拟器，是在中国科学院地理科学与资源研究所自行研制的针管桁架式的降雨模拟装置的基础上改进而成的。试验采用的人工降雨模拟器的示意图详见图 4-14 所示，实物照片如图 4-15 所示。

4.3.2　试验方案设计

1. 试验目的

在野外实地调研的基础上，选定离曹江流域较近的小良水土保持试验推广站，进行人工降雨入渗产流试验，具体的试验目的是通过对不同条件（雨强、前期土壤含水量、土壤类型、坡度）人工降雨径流试验，运用统计学方法综合分析多因素在暴雨条件下对坡面降雨入渗产流的影响。

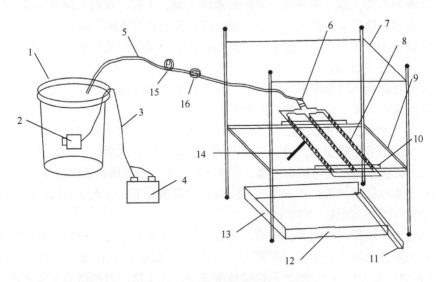

图 4-14　人工降雨模拟器的示意图

1-供水桶；2-抽水泵（直流）；3-电线；4-直流电瓶（12 V）；5-水管；6-流量控制阀；7-风挡；8-喷雨器；9-降雨器架；10-滑轮装置；11-集水槽；12-长隔水板；13-短隔水板；14-滑动手把；15-水压表；16-流量表

图 4-15　小型人工降雨模拟器实物照片

2. 试验内容

产流期内的土壤入渗强度一般随着流域土壤、土质、前期土壤含水量、产流历时、雨强、地形坡度而变化，因此需要研究各因素对入渗强度的影响。

在试验的过程中，为了便于统一雨强和试验结果的对比，将所有的径流小区的面积统一为 1.25 m×1.6 m。

雨强是影响入渗强度的主要因素，此次试验的目的是研究暴雨条件下产流因素对坡面降雨入渗产流的影响，因此，设计雨强为 2～6 mm/min。

设置 5 个坡度，分别为 5°、10°、15°、20°、30°。前期土壤含水量对于降雨入渗产流的影响也较明显，设置三种不同的前期土壤含水量：干旱、半湿润、湿润，用土壤水分测定仪对前期土壤含水量进行测定。根据前人研究成果（佘冬立，2009）及实地观测结果，将干旱、半湿润、湿润条件下的含水量的范围依次确定为＜10%、10%～20%、＞20%。

试验设计选择两种地类：裸地、草地。其中就草地而言，根据覆盖度的不同又可以初步分为稀草、高草、稠草三种。试验中，拟定采用 0、30%、60% 和 100%（稠草天然状态近似为 100%）四档植被覆盖度。人工降雨模拟器的安装调试过程见图 4-16～图 4-19。

图 4-16　集水槽的安置

图 4-17　集水坑的挖掘

图 4-18　人工降雨模拟器的调试

图 4-19　人工降雨模拟器的安装

4.3.3　试验实施情况

1. 坡面降水径流场次分布

在粤西茂名市小良水土保持试验推广站设置 5°、10°、15°、20°、30° 5 个坡度，土地利用覆被设置裸地、草地（稀草、稠草和高草），雨强范围为 0.5～5 mm/min，前后进行了为期一个多月的野外控制条件下的坡面降水径流试验 50场，如表 4-7 所示。

表 4-7　试验场次分布表

场次	地貌	坡度/(°)	雨强/(mm/min)	土壤水含量	场次	地貌	坡度/(°)	雨强/(mm/min)	土壤水含量
1	裸地	10	0.5	—	28	草地	30	0.5	7.20%
2	裸地	5	0.6	—	29	草地	15	1	17.45%
3	裸地	5	0.6	—	30	草地	30	1	12.30%
4	裸地	10	0.64	—	31	草地	15	2	13.99%
5	裸地	5	1	9.66%	32	草地	30	4	11.47%
6	裸地	10	2	16.96%	33	草地	15	4	26.50%

续表

场次	地貌	坡度/(°)	雨强/(mm/min)	土壤水含量	场次	地貌	坡度/(°)	雨强/(mm/min)	土壤水含量
7	裸地	5	3	16.72%	34	草地	15	3	14.83%
8	裸地	5	4	15.63%	35	草地	30	5	12.41%
9	裸地	10	1	10.20%	36	裸地	10	0.6	干
10	裸地	5	2	10.76%	37	裸地	10	1	干
11	裸地	10	3	13.37%	38	裸地	10	2	湿
12	裸地	10	4	16.37%	39	裸地	10	2.95	湿
13	裸地	15	5	5.62%	40	高草	10	2.3	中
14	裸地	20	4	16.85%	41	高草	10	2.9	中
15	裸地	15	1	16.85%	42	高草	20	5.1	中
16	裸地	15	2	7.72%	43	稀草	20	1	干
17	裸地	15	3	9.85%	44	稀草	20	4	中
18	裸地	15	4	19.88%	45	高草	20	4	干
22	草地	10	4	22.42%	46	高草	20	1	干
23	草地	5	2	34.65%	47	高草	20	4	湿
24	草地	5	3	26.61%	48	稠草	30	3	中
25	草地	10	4	21.59%	49	稠草	30	5	干
26	草地	5	4	33.78%	50	稀草	30	2	干
27	草地	15	0.5	9.68%					

注：19～21 场次数据缺失。

2. 试验前期准备

试验前期准备中最重要的一项是标定雨强，雨强是影响降雨入渗产流至关重要的一个因子，雨强标定的准确与否直接影响数据的质量。试验采用的是全雨强标定方法，即用容器（塑料薄膜）接收终端的全部降雨，测量体积和降雨时间，然后计算雨强。雨强是通过选配 4 种不同孔径的喷雨针头和不同大小的阀门来调节控制的，雨强标定的野外试验图片见图 4-20～图 4-22。

3. 试验操作流程

在试验前期雨强标定、人工降雨模拟器组装（一旦第一次组装完毕，则以后在试验期间就不用拆卸降雨器架和喷雨器，仅根据不同的雨强更换不同孔径的喷雨针头即可）、试验场地选定（坡度、土壤类型等达到试验设计条件）完毕的情况下，以变化单因素雨强试验为例，说明一次完整的人工降雨试验，具体的操作流程如下。

图 4-20　试验前期雨强标定示意图

图 4-21　雨强标定——收集降雨

图 4-22　雨强标定——降雨体积测量

1）布设径流小区，采集土样

径流小区的布设主要包括三部分：长、短隔水板的布设，集水槽的布设，集水坑的布设。

在选定的试验场地上，先布设长、短隔水板和集水槽。先测量好所需的径流小区的尺寸（长 1.5 m，宽 1.0 m），用砖刀先划定范围后，切割边槽；再在难以切割下去的部位，用大锤敲打砖刀背部辅助切割边槽，待长、短边槽都切割完毕后，就将长、短隔水板插入边槽内，并填补缝隙。需要特别注意的是集水槽的安置，不能出现漏水的现象，这要求在集水槽安置的时候，集水槽要至少切入土壤 3 cm，在土质较硬的地方集水槽不易切入，需要用大锤敲击辅助，主要敲打集水槽的中部位置，以保证集水槽整体切入土壤层中，防止一侧渗漏。在集水槽接水的一端，需要开挖一个集水坑，保证能将集水小桶放入其中，并有足够的空间保证两个集水桶的顺畅更换。径流小区布设如图 4-23～图 4-30 所示。

图 4-23　径流小区布设——隔水板的切割示意图 1

图 4-24　径流小区布设——隔水板的切割示意图 2

图 4-25　径流小区布设——集水槽的安置示意图 1

图 4-26　径流小区布设——集水槽的安置示意图 2

图 4-27　径流小区布设——集水槽的安置示意图 3

图 4-28　径流小区布设——集水槽的安置示意图 4

图 4-29　径流小区布设——集水坑的挖掘

图 4-30　径流小区布设——集水坑示意图

在径流小区布设的同时，土样采集，认真编号，以备室内土壤颗粒分析等使用，土样采集如图 4-31 所示。

图 4-31　土样采集

2）装设供水装置

在靠近径流小区的地方，用铁锨压平整一块土地，用于安置 2 个大的供水桶，装入足量的水，安装抽水泵（主要在抽水泵上套上过滤网，以净化水源，防止堵塞喷雨针头），固定好三脚架和稳压箱的进出水管，放置好稳压水桶，接通电瓶，调试供水系统直至正常工作，供水系统调试示意图如图 4-32 所示。

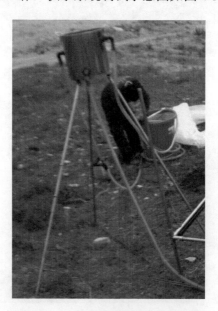

图 4-32　供水系统调试示意图

3）调试喷雨器

在径流小区外围，对于组装好的降雨器架和喷雨器，更换好试验雨强对应的喷雨针头，打开供水水源，观察各喷雨针头是否完好，如有堵塞的针头，及时更换。

4）布设喷雨器

将已经调试好的降雨器架和喷雨器放置到径流小区内，调整好位置，保证径流小区在降雨器架的正中央位置，用大锤固定好降雨器四个脚架的位置，然后用水平仪调整降雨器架，调至水平，如图 4-33 所示。

图 4-33　水平仪调整降雨器架至水平示意图

5）开始降雨，测量记录

各人员准备好后，打开阀门，开始降雨试验。由 1 人专门负责降雨工作，1人专门负责供水装置的保障，2 人负责测量出水体积和纸质记录，1 人巡视场地并负责照相记录，还要随时协助其余人员的工作；各司其职，保证试验的正确完成，如图 4-34 和图 4-35 所示。

图 4-34　人工降雨试验人员分工示意图

试验记录员要认真观察产流时刻，认真记录好初损历时、产流时间、各时段产流量、湿润锋深度、退水时间和退水体积等。

图 4-35　试验记录

在试验过程中，需要开挖测量湿润锋的入渗深度（试验中主要测量两个深度，即刚开始产流时的湿润锋深度和降雨完毕后的湿润锋深度），见图 4-36 和图 4-37。

图 4-36　湿润锋的开挖测量

图 4-37　降雨结束后测量湿润锋深度

在降雨停止后，记录好退水时间和退水体积。

6）收拾仪器，结束试验

在认真核对试验，保证无误的情况下，收拾仪器和工具，保存好土样，结束试验。

7）实验记录数据表

人工降雨入渗试验记录表如图 4-38 所示。

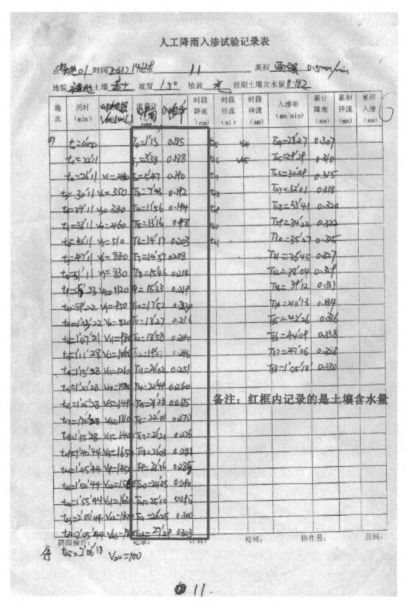

图 4-38　人工降雨入渗试验记录表

4.3.4　试验数据处理与结果分析

1. 径流系数分析

1）降雨产流过程分析

通过对不同雨强、不同土壤含水条件下的降雨-产流进行了试验，经试验分析，不论雨强的大小，产流过程都经历了初渗、积水、产流、退水等过程。产流过程的发生、发展及其变化，主要受控于雨强与土壤含水量，由于土壤含水量不同，入渗率不同，因而对应雨强产流过程不同，产流量不同。

均匀降雨对产流的影响主要表现在雨强与降雨历时两方面。当土壤含水量基本接近，降雨历时相同的均匀降雨，不同雨强的产流过程见图 4-39。

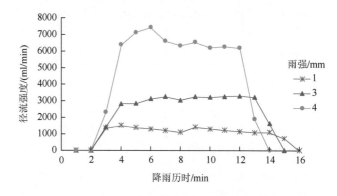

图 4-39　不同雨强的产流过程图

由图 4-39 可以看出，不同强度的降雨在前期条件基本一致，降雨历时相同的条件下，发生的产流过程有着明显的差别。第一，表现在过程线的起涨时间不同，小雨强起涨时间迟，大雨强起涨时间早。第二，表现在过程线的陡缓上，大雨强过程线陡，小雨强过程线缓。第三，表现在产流稳定点的出现时刻上，小雨强迟，大雨强早。第四，表现在稳定产流强度上，雨强越大，稳定径流强度越大；雨强越小，稳定径流强度越小。第五，表现在时段产流及产流总量上，雨强越大，时段产流量及产流总量越大；雨强越小，时段产流量及产流总量越小。

2）径流系数、径流深和雨强的关系

径流系数是指一次降雨过程中的总径流量与总降雨量的比值，主要受雨强、土壤性质、土壤含水量、地表覆盖等因素影响。径流深是指一次降雨过程中的总径流量与受雨面积的比值。通过实验资料分析，径流系数、径流深和雨强呈线性关系，如图 4-40 和图 4-41 所示。

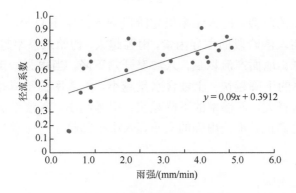

图 4-40　雨强和径流系数关系图

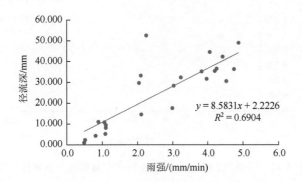

图 4-41　雨强和径流深关系图

$$C_R = 0.979\,i + 0.362 \quad R^2 = 0.5289 \tag{4-11}$$

$$D = 8.7616\,i + 1.5652 \quad R^2 = 0.7134 \tag{4-12}$$

式中，i 为降雨强度，mm/min；C_R 为径流系数；D 为径流深，mm。

由图 4-40、图 4-41 可以看出，径流系数、径流深与雨强存在明显的正相关关系，随着雨强的增大而增大。

3）土壤入渗的动态变化

我国浅层地下水的补给来源主要是大气降水的入渗，影响降雨入渗的因素主要有土壤入渗性能、初始土壤含水率、地形地貌、植被及降雨的强度和持续时间等，大量的理论和实验研究表明，降雨入渗的过程是极其复杂的，土壤入渗率在入渗过程中是变化的，当下垫面条件一定的情况下，影响降雨入渗的因素主要是降雨强度和土壤含水量，以雨强 2.0 mm/min、4.5 mm/min 为例，不同雨强、不同土壤剖面含水状态下的实际下渗过程见图 4-42、图 4-43。由图 4-42、图 4-43 可以看出，不同雨强、不同土壤剖面含水状态下的入渗过程可以分为两个明显的阶段，即入渗率恒定阶段和入渗率下降阶段。很显然，雨强大小是影响初始入渗阶段的主导因素，雨强越大，初始入渗率越高；雨强越小，初始入渗率越低。地面产流以后，入渗率开始下降，当雨强一定时，土壤含水量越大，入渗率的下降越快；土壤含水量越小，入渗率的下降越慢。当含水状态一致时，雨强越大，入渗率的下降越快；雨强越小，入渗率的下降越慢。无论初始入渗率的高低，不论雨强的大小，入渗率都趋于一个稳定值，即稳定入渗率。

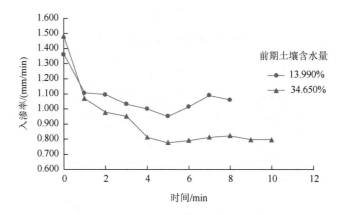

图 4-42　雨强为 2.0 mm/min 时不同含水量实际入渗率过程线

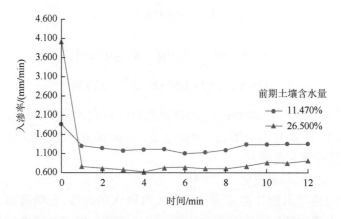

图 4-43　雨强为 4.5 mm/min 时不同含水量实际入渗率过程线

4）植被的影响

植被对径流的影响是多方面的。一是增加植物截留量，二是增加下渗量。因为有植被的土壤比较疏松，下渗量大；植被还可防止雨滴直接打击土壤表面，引起毛细孔堵塞，也能增加下渗量。设置草地和裸地两种下垫面条件下的人工降雨径流试验，结果表明：草地径流系数比同等条件下的裸地小得多（图 4-44）。如在草地的下垫面上，0.5 mm/min 的小雨强时，径流系数 C_R 仅为 0.16～0.24，说明草地基本没有产流。大雨强时，草地虽然有产流但是径流系数比同等条件下的裸地小。

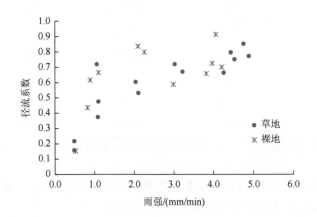

图 4-44　不同下垫面情况雨强与径流系数关系

2. 产流过程分析

通过对径流系数的分析，可以初步看出城市地面产流的一些特性。但要进一步揭示产流的规律，还需对产流过程进行分析。

1）损失参数计算

刘昌明等于 20 世纪 70 年代末期利用径流场和人工降雨的大量资料，得出产流期内平均入渗率。其中，产流期间的平均入渗率用式（4-13）计算：

$$\begin{cases} \mu = \dfrac{\displaystyle\sum_{t_i=1}^{t_i=t_c}\mu_i + (60 - t_c)f_0}{60}, & t_c < 60 \\[3mm] \mu = \dfrac{\displaystyle\sum_{t_i=1}^{t_i=t_c}\mu_i}{60}, & t_c \geqslant 60 \end{cases} \tag{4-13}$$

式中，μ 为流域产流期内平均入渗率；t_c 为产流历时；f_0 为稳定入渗率。

降雨入渗产流的影响因素众多，定量分析各因素对降雨产流的贡献率有助于了解流域的入渗产流规律。在试验基础上，运用多元线性回归方法分析建立产流期平均入渗率与雨强、坡度、前期土壤含水量和植被覆盖度 4 个主要因素间的回归方程，分析了各因素对产流的影响，多元线性回归方法分析结果见表 4-8。

表 4-8 平均入渗率对产流因素的线性回归分析

变量	回归系数	标准误差	t 值	P 值
b_0	0.742	0.348	2.130	0.123
b_1	0.669	0.230	2.906	0.062
b_2	−0.407	0.220	−1.851	0.161
b_3	−0.570	0.282	−2.022	0.136
b_4	0.157	0.173	0.910	0.430

注：b_1、b_2、b_3、b_4 分别为雨强、坡度、前期土壤含水量和植被覆盖度的回归系数，b_0 为截距。

由表 4-8 可知，产流期平均入渗率对雨强（X_1）、坡度（X_2）、前期土壤含水量（X_3）和植被覆盖度（X_4）的多元线性回归方程为

$$Y = 0.742 + 0.669X_1 - 0.407X_2 - 0.570X_3 + 0.157X_4 \qquad (4\text{-}14)$$

利用多元线性回归方程（4-14）对平均入渗率进行了计算，计算结果与实测值对比见表 4-9 和图 4-45。

表 4-9 实际与计算平均入渗率对比

雨强/(mm/min)	坡度/(°)	前期土壤含水量	植被覆盖度	实际平均入渗率/(mm/min)	计算平均入渗率/(mm/min)	平均相对误差/%	相关系数
1.54	10	湿润	裸地	0.96	0.84		
3.09	10	湿润	裸地	1.21	1.50		
3.72	10	半湿润	高草	2.79	2.82		
5.05	20	半湿润	高草	3.19	3.05	8.90	0.97
4.36	20	半湿润	稀草	2.78	2.51		
3.73	30	半湿润	稠草	2.30	2.16		
4.93	30	干旱	稠草	2.75	3.05		
2.09	30	干旱	稀草	1.45	1.50		

由表 4-9 可知用多元线性回归方程的计算平均入渗率和实际平均入渗率的平

均相对误差为 8.90%，相关系数为 0.97，表明了多元线性回归方程计算平均入渗率的合理性。

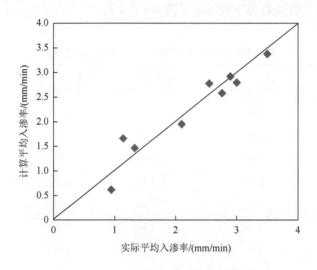

图 4-45　实际与计算平均入渗率

由统计公式可以看出，在暴雨条件下，各个产流因素对产流期的平均入渗率的相对影响程度是有差别的。其中，雨强是最主要的影响因素，其次是前期土壤含水量和坡度，而植被覆盖度的影响相对较小。就相关性的方向而言，雨强和植被覆盖度与产流期平均入渗率呈现正相关的变化关系，而前期土壤含水量和坡度与产流期平均入渗率呈现负相关的关系。

2）其他损失计算方法

除试验的损失量计算方法之外，式（4-15）、式（4-16）和式（4-17）还介绍了平均入渗率（产流期的平均损失）μ、初损后损法平均损失率 $\overline{f}$ 和降雨历时内平均损失量 $\overline{f_1}$ 不同损失参数的计算方法。不同方法计算结果见表 4-10，三种损失的关系为

$$一般情况下：\mu > \overline{f} > \overline{f_1} \tag{4-15}$$

$$当 I_0 = 0，t_0 = 0，\overline{f} = \frac{P - h - I_0 - P_{t-t_0-t_c}}{t_c} = \frac{P_{t_c} - h}{t_c} = \mu > \overline{f_1} \tag{4-16}$$

$$当 t = t_c，\overline{f_1} = \frac{P - h}{t} = \overline{f_1} = \frac{P_{t_c} - h}{t_c} = \mu，此时，I_0 = 0，t_0 = 0，\overline{f} = \frac{P - h}{t} = \overline{f_1}$$

$$\tag{4-17}$$

由表 4-10 可以看出，稳定入渗率数值与降雨历时内的平均损失量 $\overline{f_1}$ 数值相近，平均入渗率（产流期的平均损失）μ、初损后损法平均损失率 $\overline{f}$ 和降雨历时内平均损失量 $\overline{f_1}$ 的关系为一般情况下的 $\mu > \overline{f} > \overline{f_1}$。

表 4-10 人工降雨试验不同方法损失参数结果

场次	产流期平均入渗率/(mm/h)	初损后损法平均损失率/(mm/h)	降雨历时内平均损失量/(mm/h)	稳定入渗率/%
第 5 场	0.56	0.45	0.37	0.37
第 10 场	1.55	0.39	0.35	0.38
第 12 场	2.38	1.05	0.33	0.72
第 14 场	2.90	1.30	1.27	1.11
第 16 场	1.67	1.38	1.23	1.36
第 17 场	2.29	1.54	1.36	1.70
第 26 场	2.54	1.56	1.12	0.68
第 32 场	2.49	1.67	1.34	1.36
第 33 场	2.44	1.35	0.85	0.70
第 34 场	1.94	0.81	0.80	0.70
第 35 场	3.16	1.48	1.04	0.91

4.4 本 章 小 结

通过室内实验，借助 6 个产流特征值〔初损历时（t_0）、稳定入渗时刻（t_1）、初损量（I_0）、稳定入渗率（f_c）、稳定入渗期径流量（q_1）和稳定入渗期径流系数（C_1）〕，得到雨强和前期土壤含水量对各场次产流过程的影响作用规律。主要规律如下：初损历时（t_0）和稳定入渗时刻（t_1）主要受降雨强度的影响，表现为负相关关系的幂函数形式，而与前期土壤含水量关系不显著；初损量（I_0）主要受前期土壤含水量的影响，表现为负相关关系的线性函数形式或幂函数形式，但与雨强关系不显著；进入稳定入渗期后，降水-径流关系趋于线性，实验条件下的稳定入渗率（f_c）在 35 mm/h 左右波动，稳定入渗期径流量（q_1）随雨强线性增加，稳定入渗期径流系数（C_1）随雨强呈对数函数形式增加；稳定入渗期产流过程基本不受前期土壤含水量影响。

在野外开展了 50 场人工控制条件下降水径流试验，识别了小区坡度、植被覆盖度、前期土壤含水量和雨强的影响，统计分析得到径流小区雨强、坡度和前期土壤含水量对降水下渗量的贡献量。试验结果表明各个产流因素对产流期的平均入渗率的相对影响程度是有差别的。其中，雨强是最主要的影响因素，其次是前期土壤含水量和坡度，而植被覆盖度的影响相对较小。雨强和植被覆盖度与产流期平均入渗率呈现正相关的变化关系，而前期土壤含水量和坡度与产流期平均入渗率呈现负相关的关系。

参 考 文 献

包为民，2006. 水文预报[M]. 第三版. 北京：中国水利水电出版社.

包为民，张建云，2009. 水文预报[M]. 第 4 版. 北京：中国水利水电出版社.

李丽，2007. 分布式水文模型的汇流演算研究[D]. 南京：河海大学.

芮孝芳，2004. 水文学原理[M]. 北京：中国水利水电出版社.

佘冬立，2009. 黄土高原水蚀风蚀交错带小流域植被恢复的水土环境效应研究[D]. 北京：中国科学院大学.

王纲胜，2005. 分布式时变增益水文模型理论与方法研究[D]. 北京：中国科学院地理科学与资源研究所.

詹道江，叶守泽，2000. 工程水文学[M]. 第三版. 北京：中国水利水电出版社.

张文华，郭生练，2008. 流域降雨径流理论与方法[M]. 武汉：湖北科学技术出版社.

赵人俊，庄一鸰，1963. 降雨径流关系的区域规律[J]. 华东水利学院学报（水文分册），S2：53-68.

Beven K J，Kirkby M J，Schofield N，et al.，1984. Testing a physically-based flood forecasting model（TOPMODEL）for three U.K. catchments[J]. Journal of Hydrology，69（1-4）：119-143.

Govindaraju R S，1990. Approximate analytical solutions for overland flows[J]. Water Resources Research，26（12）：2903-2912.

Gupta V，Waymire E，Wang C T，1980. A representation of an IUH from geomorphology[J]. Water Resources Research，16（5）：855-862.

Iturbe I R，Valdés J B，1979. The geomorphologic structure of hydrologic response[J]. Water Resources Research，15（6）：1409-1420.

Jia Y W，Wang H，Zhou Z H，et al.，2006. Development of the WEP-L distributed hydrological model and dynamic assessment of water resources in the Yellow River Basin[J]. Journal of Hydrology，331（3-4）：606-629.

Linsley R K，Kohler M A，Paulhus J L，et al.，1975.Hydrology for Engineers[M]. New York：McGraw-Hill.

Mishra S K，Singh V P，2003. Soil conservation service curve number（SCS-CN）methodology[M]. Netherlands：Springer.

Nash J E，1959. Systematic determination of unit hydrograph parameters[J]. Journal of Geophysical Research，64（1）：111-115.

Nash J E，1960. A unit hydrograph study，with particular reference to British catchments[J]. Ice Proceedings，17（3）：249-282.

Nash J E，1961. A unit hydrograph study，with particular reference to British catchments [Discussion][J]. Proceedings of the Institution of Civil Engineers，20（3）：464-480.

Orlandini S，1999. On the storm flow response of upland alpine catchments[J]. Hydrological Processes，13（4）：549-562.

Pilgrim D H，Cordery I，1975. Rainfall temporal patterns for design floods[J]. Journal of Hydrology Engineering Division，101（1）：81-95.

Singh V P，1994. Accuracy of kinematic wave and diffusion wave approximations for space independent flows[J]. Hydrological Processes，8（1）：45-62.

Skaags R W，Khaleel R，Brakensiek D L，1982. Infiltration，hydrologic modeling of small watersheds[J]. American Society of Agricultural Engineers，13：123-124.

Ullah W，Dickinson W T，1979. Quantitative description of depression storage using a digital surface model：I. Determination of depression storage[J]. Journal of Hydrology，42（1-2）：63-75.

Xia J，2002. A system approach to real time hydrological forecasts in watersheds[J]. Water International，27（1）：87-97.

Zhang S，Cordery L，Sharma A，2002. Application of an improved linear storage routing model for the estimation of large floods[J]. Journal of Hydrology，258（1-4）：58-68.

第5章 中小流域设计洪水计算方法

5.1 中小流域设计洪水计算方法概述

在一次降雨中，地面径流、壤中径流和表下径流量值称为径流量或净雨量，径流量的计算称为产流计算，常用的产流计算方法包括降雨径流相关图法、下渗曲线法、扣损法、水文模型法（表5-1），以下详述产流计算的常用计算方法。

表5-1 产流分析的主要方法

净雨分析方法		原理简介
降雨径流相关图法		根据实测资料建立$(P+P_a)$-R关系图
下渗曲线法		降雨扣除下渗过程得到了净雨过程
扣损法	初损法	假设损失只发生在降雨初期，满足总损失量后的降雨全部产生径流
	初损后损法	下渗曲线法的一种简化，把实际损失简化为初损和后损两个阶段
	平均损失率法	把损失量平分到整个降雨过程
	稳定入渗率法	假定流域已经蓄满后发生的洪水，整个降雨过程中保持了稳定的入渗率
水文模型法	SCS模型	基于水量平衡方程和两个假设条件建立了SCS模型公式
	新安江产流模型	由新安江模型中的蒸散发板块和产流模板共同构成
	LCM产流模型	中国科学院地理所刘昌明等提出的适合我国的降水动态入渗产流模型

5.1.1 降雨径流相关图法

前期影响雨量 P_a 是径流相关图中的变量参数，与降雨量一起决定着降雨的径流深，因此，在利用单位线作洪水预报时，P_a 的选取与单位线的选取同样重要，直接影响汇流曲线的精度。其优点是概念明确、方法简单、易于应用，但是由于相关图制作数据来源存在地区差异性，故可能在不同地区间的移用时存在误差。

1. 逐日计算法

$$P_{at+1} = K(P_t + P_{at}) \tag{5-1}$$

式中，P_{at+1} 为第 $t+1$ 日的前期影响雨量，mm；P_{at} 为第 t 日的前期影响雨量，mm；P_t 为第 t 日的降雨量，mm；K 为土壤蒸发能力日折减系数。

逐日计算时要确定起始日的 P_a，若起算日前半月干旱，即起算日前 15～20 d 无雨或雨量较小，P_a 为 0；若之前连续大雨，可认为起算日 P_a 为最大初损值（I_m）。

2. $P_{at} = K^1 P_{t-1} + K^2 P_{t-2} + \cdots + K^n P_{t-n}$

即通过某日前 n 天的雨量资料计算出这一日的前期影响雨量值，n 一般为 15～20 d，视 K 值大小而定。K 值大，土壤含水量消退慢，n 应取长些；反之，n 可取得短些，以 n 日前的降雨对 P_a 基本上没有影响为宜。

3. 快速选取 P_a 法

当需要作预报时，还可根据预报方案中所需要的前期影响雨量的天数按式（5-2）快速计算 P_a 值

$$P_{at} = P_{aT} - P_{a,T-t} K^t \tag{5-2}$$

式中，P_{at} 为预报方案中所需要的 t 天的 P_a 值，mm；P_{aT} 为逐日连续计算的最后一天的 P_a 值，mm。

4. P_a 值的选取时注意事项

由于降雨量一般以 8 h 为分界，逐日计算 P_a 值时，要注意以下几点。

（1）降雨量间歇期超过半天，且在白天，P_a 值应再乘日折减系数 K。

（2）降雨较小而且无间歇期，洪水预报时刻不在 8 时的方案。

（3）连续 20 d 内无雨或雨量较小时，就不能逐日连续计算 P_a 值，这样计算出的 P_a 值偏大。另外，如果流域雨量分布不均匀，可分别计算出流域各雨量站的 P_a 值，再用面积加权法计算出流域平均的 P_a 值。

5.1.2　初损后损法

初损后损法是将损失过程划分为两个阶段，即降雨初期产流开始前的初损阶段，历时为 t_0；损失量为初损 I_0；产流开始后的后损阶段，其平均损失率 $\bar{f}$ 为

$$\bar{f} = (P - h - I_0 - P_{t-t_0-t_c}) / t_c \tag{5-3}$$

式中，P 为一次降雨总量，mm；h 为净雨总量，mm；$P_{t-t_0-t_c}$ 为降雨后期不产流时段的降雨量，mm；t、t_c 为降雨历时、产流历时，h。

1. 平均入渗率（产流期的平均损失）

μ 为产流历时内的平均入渗率，是一个包括入渗、截留、洼蓄，甚至蒸发等都在内的损失综合参数。它的大小除与土壤透水性能、地貌、植被下垫面因素有关外，还受暴雨量大小、历时长短、时程分配及前期土壤含水量等因素的影响。计算公式为

$$\mu = \frac{H_c - h_R}{T_c} \tag{5-4}$$

式中，H_c 为时段 T_c 内降雨总量，mm；T_c 为产流历时，h；h_R 为设计暴雨产生的地面径流总深度，mm。

2. 蓄水容量曲线

由于土壤不同区域的缺水量不同，所以当暴雨来临后，缺水较少的区域容易蓄满水而产流，而缺水较多区域不易产生径流，这使得不同区域的地表产流过程不尽相同，一般用蓄水容量曲线来描述不同区域土壤缺水量的分布情况。

3. 径流系数法

径流系数法是我国《室外排水设计规范》（GB 50014—2006）（2014 年版）（现已废止）所推荐的城市地表产流计算方法，它包括综合径流系数法和变径流系数法两种。其优点是计算简单、精度高；缺点是忽略了降雨的初损与后损。

1）综合径流系数法

综合径流系数法能够综合考虑不同下垫面的径流系数对城市地表产流的影响，并通过不同下垫面的径流系数，结合各自所对应的面积，通过加权平均法得到，其计算公式为

$$\psi_a = \frac{\sum F_i \cdot \psi_i}{\sum F_i} \tag{5-5}$$

式中，F_i 代表汇水区内不同下垫面所对应的面积，m²；ψ_i 代表不同下垫面的径流系数。

2）变径流系数法

在降雨初期，由于植物的截流、洼地的蓄滞及地表的下渗等过程会造成降雨的损失，因此该时期地表产流量较小，径流系数也相应较小。但随着降雨继续进行，降雨的损失量会逐渐减小，因此该时段的地表产流量增大，地表径流系数也会相应增大。

$$\psi = \psi_e - (\psi_e - \psi_0)e^{-cp} \tag{5-6}$$

式中，ψ 代表降雨过程中的径流系数；ψ_e 代表最终的径流系数；ψ_0 代表初始径流系数；p 代表累积雨量；c 代表常数。

5.1.3　平均损失率法

降雨过程中的平均损失率是指不划分初损后损过程，而是一场降雨总历时 t 内的平均损失率，计算公式见式（5-7）。

$$\overline{f_1} = \frac{P-h}{t} \tag{5-7}$$

由此可知，$\overline{f_1}$-t 不是实际损失过程，它包围的面积必须与实际损失过程包围的面积相等才能求得不同的净雨总量 h。

5.1.4　下渗曲线法

下渗曲线是描述地表下渗变化过程的曲线。1933 年，美国水文学家 Horton 提出了影响深远的土壤下渗理论，指出土壤的入渗率随降雨时间以指数的形式递减成一个固定值，并在大量试验数据分析的基础上，归纳出了下渗曲线的数学表达式

$$h(t) = i(t) - f(t) \tag{5-8}$$

式中，$h(t)$ 代表一次降雨的径流过程；$i(t)$ 代表降雨强度过程；$f(t)$ 代表地表下渗过程。

5.1.5　产流模型

各种产流模型模拟方法是将复杂的水文现象和过程经概化所给出的近似的科学模型，例如，SCS 模型具有理论简单，结构清晰，所需参数较少等特点，能够客观反映小流域土壤类型、土地利用和前期土壤含水量等情况对径流量生成的影响。

产流的方式有蓄满产流、超渗产流和混合产流等类型。一场降雨产生了径流，按照汇流的性质，径流可以分为地表流（$R_表$）、壤中流（$R_壤$）、基流（$R_下$）、深层裂隙流（ΔR）。对于相对湿润的地区，在设计条件下，一次暴雨的损失量占暴雨量的比例较小，通常对设计洪水的计算影响不大。湿润地区产流计算采用降雨径流相关图法和平均损失率法等。对于比较干旱的地区，损失量较大，采用下渗曲线法、初损后损法等。

影响产流的主要参数有：P、T、c_p、P_a、$\overline{f}$，即 $R = f(P, T, c_p, P_a, \overline{f})$。其中 R 为径流深；P 为流域平均雨量；T 为流域平均降雨历时；c_p 为降雨不均系数；P_a

为前期影响雨量；$\bar{f}$ 为入渗率参数。P、T、c_p 这 3 个参数由实测资料较容易确定，P_a 和 $\bar{f}$ 的计算较复杂且影响因素因地而异。

1）前期影响雨量 P_a

前期影响雨量 P_a 是一个反映前期土壤湿润情况的指标，它间接地代表土壤含水量。一场降雨前，流域土壤的干湿状况对此次降雨产生径流的多少影响很大。因此，在流域产流计算中一般都要考虑这一因素。流域的干湿程度常用流域蓄水量或其定量指标——前期影响雨量表示。流域蓄水量 I_m 的计算结果，直接关系到水文预报的精度。I_m 是指流域在十分干旱情况下，降雨产流过程的最大初值，包括截留、填洼、雨间蒸发及渗入包气带土层不能成为径流的水量。方法是在历年实测雨洪资料中，选择久旱无雨后一次降水较大且达到全流域产流的资料，计算流域平均雨量 P 及所产生的径流深 R，因为久旱，则 $P_a \approx 0$。

$$I_m = P - R - E_m \tag{5-9}$$

式中，E_m 为雨间蒸发量，mm。

2）稳定入渗率 f_c

稳定入渗率是指土壤达到饱和后单位时间内的土壤稳定下渗量，所以稳定入渗率只存在于蓄满产流中。计算本流域 f_c 时，选取降水量大、持续时间长的降水产流过程。可根据降雨量、降雨强度的大小、持续时间长短及前期土壤含水量等特性的不同，采用图解法或前推法计算稳定入渗率 f_c。计算方法如下。

（1）图解法。

对于降水量大，持续时间长，洪水起涨前土壤含水量达到流域最大损失量（I_m）时，采用图解法，如图 5-1 所示。

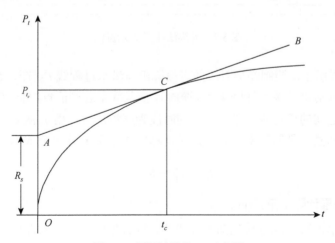

图 5-1　图解法计算 f_c 示意图

选取单峰型雨洪资料，找出洪水起涨点对应的降雨时间，以此作为净雨开始时间，将净雨从大到小排序后，计算累计降雨量，点绘时段累计降雨量 P_t-t 图，如图 5-1 所示。在 P_t 轴上截取 $OA = R_s$，过点 A 作曲线 P_t-t 的切线 AB，切点 C 的横坐标 t_c 为产流历时，纵坐标 P_{t_c} 为产流历时内对应的降雨量。稳定入渗率计算公式为

$$f_c = (P_{t_c} - R_s) / t_c \tag{5-10}$$

式中，P_{t_c} 为产流历时内对应的降雨量，mm；t_c 为产流历时，h；R_s 为净雨深，mm。

（2）前推法。

对于降水量大，持续时间长，但是洪水起涨前土壤含水量未达流域最大损失量（I_m）时，采用前推法，如图 5-2 所示。

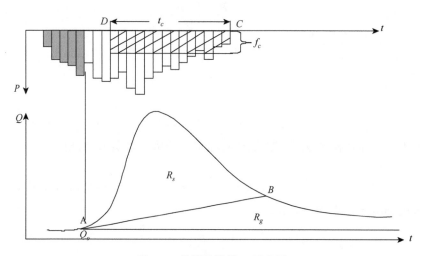

图 5-2　前推法计算 f_c 示意图

如图 5-2 所示，绘制峰型对应的时段降雨与洪水过程线 P-t 图、Q-t 图，从降雨时段末起往前推计算累计降雨量（净雨），使其等于总产流量，即：$P_计 = R_s + R_g$，图中 C、D 之间的累计降雨量所对应的时段为产流历时，用 f_c 从 C、D 之间的降雨柱状图上切割，则阴影部分为下渗量，稳定入渗率 f_c 计算公式为

$$f_c = (P_计 - R_s) / t_c \tag{5-11}$$

式中，$P_计$ 为累计降雨量，mm。

设计洪水汇流过程方法包括单位线法、综合单位线法、推理公式法、经验公式法等。

5.2　推理公式法

国外称推理公式法为合理化法。早期的推理公式是理想条件下形成的最大流量的推理关系，一般只包含径流系数、降雨强度和流域面积三个要素，例如，1851 年马尔瓦尼（Mulvaney）给出推理公式法的基本形式，对降雨、产流、汇流等过程假定为均匀的，并概化了设计暴雨、损失等。其后，推理公式法在各国发展起来，许多水文学家（如奥地利的凯斯特林和俄国的尼古拉依，美国的雷木塞、克拉克，苏联的阿列克谢也夫、包尔达可夫、切戈达也夫、罗斯托莫夫，英国的理查兹，爱尔兰的纳希，日本的川上谦太郎等）都开始将推理公式法和地区暴雨洪水特性相结合来开展洪水计算，对基本公式作了修正，逐步改进各个环节的概化关系，提高适用性。由于其适用性强、计算简单有效，改进的推理公式法在我国广泛使用。1956 年水利水电科学研究院水文研究所开始了小流域暴雨洪水的研究，并在我国首次提出以推理公式法为基础的计算最大流量的方法。1958 年水利水电科学研究院提出以推理公式法为基础的小汇水面积雨洪最大径流图解分析法。1962 年提出从实测资料反求推理公式法重点参数。1966 年出版的《小流域暴雨洪水计算问题》，系统阐述了推理公式法。推理公式法历史悠久，计算程序简便，对资料要求不高；但有局限性，其适用于面积小于 $20\ \text{km}^2$ 的特小流域，且由于该方法对许多外部条件作了概况和假定，其计算结果含有很大的不确定性。推理公式法汇总见表 5-2。

表 5-2　推理公式法汇总

方法名称	计算量	估算公式	主要参数	优缺点（适用性）
马尔瓦尼推理公式法	Q_m	$Q_m = CIA$	C 为径流系数	缺点：推理公式只适用于山区丘陵小流域的设计洪水计算，不适用于平原河流和平原河网排涝计算
水文研究所推理公式法	Q_m	$Q_m = 0.278\varphi TF$	φ 为洪峰径流系数	适用于特小流域；优点：公式简单，变量意义明确，公式结构具有一定物理基础
中铁法	Q_t	$Q_t = \int_0^t \left[\dfrac{\partial w(\tau, r)}{\partial \tau} \right]_{r-r} d_r$	τ 为流域某一位置处的净雨水质点的汇流时间；$w(\tau, r)$ 为流域面积增长函数；r_{t-r} 为流域面上 $t-r$ 时刻的雨强	优点：具有严密的理论基础，公式形式也非常简单。把流域造峰历时看作随雨强变化而变化
推理公式法	Q_m	$Q_m = 0.278A\dfrac{h}{\tau}$ $\tau = \dfrac{0.278L}{mJ^{1/3}Q_m^{1/4}}$	τ 为流域汇流时间	适用于天然情况的小流域洪水计算，对城区小流域是否适用一直没有明确；缺点：汇流参数 m 易受流域特征、暴雨因素及方法本身的概化假定等影响

续表

方法名称	计算量	估算公式	主要参数	优缺点（适用性）
改进后的美国推理法	Q_p	$Q_p = 0.278 S_p T_c^{1-n} CF$	Q_p 为频率为 p 的计算洪峰流量；C 为洪峰径流系数；S_p 为频率为 p 的暴雨雨强	优点：改进后的公式考虑了时间段对暴雨洪峰的影响，雨强变化下洪峰的变化
半推理半经验公式法	Q_p	$Q_p = 0.278 \varphi(s/\tau^n)$	Q_p 为频率为 p 的计算洪峰流量；φ 为径流系数；S 为暴雨雨力；τ 为流域汇流时间；n 为暴雨强度递减系数	适用于流域面积小于 500 km² 流域。优点：反映不同流域的实际情况，还可推求时段洪水总量和洪水过程线。缺点：公式中的洪峰流量径流系数 φ、汇流参数 m 的计算或选取与实际情况不符；峰量参数未考虑人为影响，地域性较强
推理公式法	Q_p	$Q_p = \dfrac{0.278 F h_t}{t}$ $\tau = 0.278 \theta / \left(m Q_p^{1/4} \right)$	h_t 为历时 t 的最大净雨量；τ 为汇流时间；θ 为地理参数，$\theta = L/J_1/3$；L 为主沟道长度；J 为主沟道平均坡降；m 为汇流参数	适用于流域面积<20 km² 特小流域
美国推理公式法	Q_p	$Q_p = 0.278 i CF$ $T_c = 0.02 L^{0.07} S^{-0.385}$	Q_p 为频率是 p 的计算洪峰流量；i 为频率是 p 的暴雨雨强；C 为洪峰径流系数；F 为流域面积；T_c 为造峰历时；L 为流域主河槽长度；S 为流域主河槽坡度	优点：具有严密的理论基础，公式形式也非常简单。缺点：把流域造峰历时看作与雨强无关
推理公式法	Q_m	$Q_m = 0.278(a-u)A$	a 为暴雨强度；u 为损失强度	优点：结构简单
推理公式法	Q_m	$Q_m = 0.278 C \dfrac{24^{n-1} H_{24p}}{\tau^n} F$ $\tau = 2 + 0.278 \dfrac{L}{V}$	C 为洪峰径流系数；n 为暴雨衰减指数；H_{24p} 为设计频率为 p 的 24 h 暴雨总量	适用于流域面积 300 km² 以下的流域；优点：简便，能够反映一定的不同河流特性，理论依据充足；缺点：各参数取值人为影响很大，不同河流、流域的不同河段各参数有区别
推理公式法	Q_m	当 $t_c \geq \tau$ 时，$Q_m = 0.278 \left(\dfrac{h_\tau}{\tau} \right) F$ 当 $t_c \leq \tau$ 时，$Q_m = 0.278 \left(\dfrac{h_R}{\tau} \right) F$	h_τ 为相应于 τ 时段的最大净雨量；h_R 为单一洪峰的净雨量；在小流域设计洪水计算过程中，净雨历时 t_c 一般大于汇流时间 τ，故以全面积汇流为主	主要用于中小集水面积
城区小流域暴雨洪水计算的推理公式法	Q_m	$Q_m = 0.278 \left(\dfrac{h}{\tau} \right) F$ $\tau = t_1 + m t_2$	t_1 为地面集水时间；t_2 为洪水在管渠内运行时间，根据平均流速计算；m 为延缓系数，暗管为 2，明渠为 1.2	优点：设计降雨、标准和水利部门的规范相适应，其洪水公式的概念又比较清晰，且洪水运行时间能反映城区排水的情况

续表

方法名称	计算量	估算公式	主要参数	优缺点（适用性）
中国水利水电科学研究院推理公式法	Q_m	$t_c \geqslant \tau$， $Q_m = 0.278\left(\dfrac{S_p}{\tau^n} - \mu\right)A$ $t_c < \tau$， $Q_m = 0.278\left[\dfrac{\left(S_p t_c^{1-n} - \mu t_c\right)}{\tau}\right]A$	μ 为损失参数	适用于我国大部分区域

5.3　单位线法

综合单位线分为综合经验单位线和地貌综合单位线。地貌综合单位线是将流域自然地理特征与单位线要素联系起来，借助单位线的概率释义，通过地区的各种流域特征资料综合导出单位线分析表达式。早在 20 世纪 30～40 年代，水文学家和自然地理学家就提出了通过经验统计分析途径，建立流域单位线的主要特征，如单位线峰值、峰值滞时等与流域地形地貌有关的参数，如流域坡度与流域面积等之间的经验关系，以确定缺乏水文资料情况下流域单位线的计算方法。但这种途径，由于没有涉及到流域汇流的机理，缺乏严格的理论基础，因而计算精度不易控制，也不便于外延和地区移用。1938 年，斯奈德等提出了综合经验单位线。地貌瞬时单位线理论由 Rodriguez 等（1979）和 Gupta 等（1980）应用和发展，他们认为瞬时单位线是水质点到达流域出口断面汇流时间的概率密度函数，并将水力因子融为一体，这是在瞬时单位线的认识上的突破。Gupta 等（1980）根据大数定律和流域水量平衡原理证明，流域瞬时单位线就是流域汇流时间 T 的概率分布函数的密度函数。单位线公式汇总见表 5-3。

表 5-3　单位线公式汇总

方法名称	计算量	估算公式	参数	优缺点（适用性）
纳希瞬时单位线	$u(Q,t)$	$u(Q,t) = \dfrac{1}{K\Gamma(n)}\left[\dfrac{t}{K}\right]^{n-1} \mathrm{e}^{-\frac{t}{K}}$	$\Gamma(n)$ 为伽马函数；n 为反映流域调蓄能力的参数；K 为线性水库的蓄泄系数	优点：简便实用，能反映出流域地形、地貌等汇流特性；缺点：与流域汇流的非线性相矛盾
量纲一单位线汇流模型	$u(n)$	$u(n) = [S(t) - S(t-\Delta t)]/\sum q(\Delta t_0, t)$	$\sum q(\Delta t_0, t)$ 为净雨时段单位线纵坐标之和；$S(t)$ 为时 S 曲线	优点：消除面积因子影响，完整展示单位线特性

5.4　典型研究区的设计洪水计算方法适用性

选取广东省曹江、田头水和罗坝水流域作为典型研究区，其中曹江流域是广东省三大暴雨中心，出口断面大拜水文站集水面积 394 km²，流域多年平均年雨量可达 2160 mm，最大年雨量达 3150 mm。赤溪水文站位于广东省乐昌市庆云镇赤溪，是珠江流域北江水系武江支流田头水流域的控制站，集水面积 396 km²。结龙湾水文站是珠江流域北江一级支流墨江下游罗坝水流域的控制站，集水面积 281 km²，流域多年平均年径流量 2.75 亿 m³，丰水年径流量 4.40 亿 m³，平水年径流量 2.56 亿 m³，枯水年径流量 1.32 亿 m³。

推理公式法和综合单位线法是中小流域设计洪水常用的方法，选取这两种方法，对三个典型研究区的适用性进行分析。

曹江流域大拜水文站（表 5-4），在百年以上设计频率情况下，广东省综合单位线法计算成果较实测资料推求的成果偏小–17%～–5%左右；50 年一遇综合单位线法设计洪水与实测资料最为相近。50 年以上综合单位线法计算成果较实测资料推求的成果偏大 9%～35%左右。推理公式法较实测资料推求成果偏大 20%～78%左右，且频率越小偏差越小。

表 5-4　曹江实测流量与两种推算方法比较

设计频率 P	计算方法			成果比较	
	$Q_单$/(m³/s)	$Q_推$/(m³/s)	$Q_实$/(m³/s)	$(Q_单-Q_实)/Q_实$	$(Q_推-Q_实)/Q_实$
0.1	2 593.61	3 737.19	3 103.00	−16.42%	20.44%
0.5	2 140.23	3 009.81	2 362.07	−9.39%	27.42%
1	1 941.93	2 709.45	2 048.47	−5.20%	32.27%
2	1 740.01	2 404.69	1 739.59	0.02%	38.23%
5	1 470.75	2 010.71	1 341.42	9.64%	49.89%
10	1 261.37	1 709.72	1 051.61	19.95%	62.58%
20	1 042.66	1 377.48	777.72	34.07%	77.12%

田头水赤溪水文站（表 5-5），广东省综合单位线法推求设计频率值与实测值较为相近，且误差范围在–20%～20%之间，估算结果较好。推理公式法计算成果较实测资料推求的成果偏大。推理公式法推求成果偏大 41%～51%左右，且频率越小偏差越小。

表 5-5　赤溪实测流量与两种推算方法比较

设计频率 P	计算方法			成果比较	
	$Q_单/(\mathrm{m^3/s})$	$Q_推/(\mathrm{m^3/s})$	$Q_实/(\mathrm{m^3/s})$	$(Q_单-Q_实)/Q_实$	$(Q_推-Q_实)/Q_实$
0.1	1 604.64	2 595.72	1 828.96	−12.27%	41.92%
0.5	1 474.72	2 351.36	1 413.00	4.37%	66.41%
1	1 171.31	1 804.39	1 235.45	−5.19%	46.05%
2	1 037.96	1 566.86	1 059.25	−2.01%	47.92%
5	858.51	1 238.17	829.23	3.53%	49.32%
10	720	1 005.49	658.47	9.34%	52.70%
20	575.9	738.91	492.22	17.00%	50.12%

罗坝水结龙湾水文站（表 5-6），推理公式法和广东省综合单位线法计算成果均较实测资料推求的成果偏大。推理公式法推求成果偏大 76%～198%左右，综合单位线法偏大 127%～195%左右。推算结果较差，误差过大，可能是由于该流域建有结龙湾电站，控制整个流域 80%以上的集水面积，该流域地势平坦，电站没有详细的调度方案，完全根据主观意识调度造成的。

表 5-6　结龙湾实测流量与两种推算方法比较

设计频率 P	计算方法			成果比较	
	$Q_单/(\mathrm{m^3/s})$	$Q_推/(\mathrm{m^3/s})$	$Q_实/(\mathrm{m^3/s})$	$(Q_单-Q_实)/Q_实$	$(Q_推-Q_实)/Q_实$
0.1	1 597.98	2 057.96	906.09	76.36%	127.13%
0.5	1 488.33	1 884.52	694.6	114.27%	171.31%
1	1 229.94	1 476.43	604.73	103.39%	144.15%
2	1 114.64	1 296.74	515.9	116.06%	151.35%
5	957.28	1 065.71	400.7	138.90%	165.96%
10	832.93	881.32	316.04	163.55%	178.86%
20	699.93	690.77	234.86	198.02%	194.12%

综合上述三个流域实测资料设计洪水与两种推算方法设计洪水比较，可以看出广东省综合单位线法在曹江流域和田水头流域应用效果较好，但是推理公式法结果均偏大，且频率越高，相对误差越大。在罗坝水流域，广东省综合单位线法和推理公式法较实测结果均偏大，并且相对误差高达 76%～198%左右，表明两种推算方法不适用于罗坝水流域的设计洪水。曹江流域和田水头流域集水面积分别为 394 km² 和 396 km²，罗坝水流域集水面积为 281 km²，上述结果也表明广东省综合单位线法在集水面积为 400 km² 左右流域有较好的应用，但是推理公式法计算成果偏大；在小于 300 km² 集水面积的流域推理公式法和广东省综合单位线法计算成果均偏大，且设计频率越小，相对误差越小。

5.5　广东省暴雨径流查算图表推求设计洪水

广东省于 1988 年编制完成的《广东省暴雨径流查算图表》，是在全国暴雨径流查算图表中配套齐全并在各个环节的方法上都有所前进、有所创新的一套成果。包含通过对纳希瞬时单位线法的深入分析，汲取国内外经验，结合自己的研究成果，提出的一套具有本地特色的广东省综合单位线法和推理公式法。《广东省暴雨径流查算图表》是按照以下基本假定编制的：①设计暴雨与设计洪水同频率；②集水区域为集中输入系统。

根据工程所处地理位置，查阅《广东省暴雨径流查算图表》，本集水区域位于《广东省暴雨径流查算图表》分区的粤西沿海Ⅸ区，应采用粤西沿海设计雨型；暴雨低区的定点定面关系（$at\sim t\sim F$）；内陆产流参数；广东省综合单位线滞时 $m_1\sim\theta$ 关系图中的 B 线；曹江流域集水面积小于 $500\,\mathrm{km}^2$，应采用广东省综合单位Ⅲ号量纲一单位线 $u_i\sim x_i$。

产流计算即设计净雨过程的计算，首先要按《广东省暴雨径流查算图表》工程所在的分区所对应的产流分区，从广东省分区产流参数表中，按工程集水面积选用相应的产流参数平均损失率 f 及 3 d 平均损失率 f_{3d}，然后分别计算最大 24 h 和最大 3 d 除最大 24 h 以外 2 d 的设计净雨过程。《广东省暴雨径流查算图表》提供的产流参数是按照"初损后损法"分析得到的，而推求设计净雨过程是按照简化的"平均损失率法"进行产流计算（表 5-7）。

表 5-7　曹江流域设计暴雨损失参数

时段		损失参数									
24 h/72 h 面雨量/mm		90	120	200	300	400	600	700	900	1 100	1 300
24 h 平均损失率/(mm/h)		0.8	1.0	1.4	1.8	2.1	2.5	2.6	2.8	2.9	3.0
3 d 平均损失率/(mm/h)	$F>100$	2.7	3.2	4.1	4.7	4.9	5.0	5.0	5.0	5.0	5.0
	$F<100$	2.9	3.6	4.5	5.1	5.4	5.5	5.5	5.5	5.5	5.5

推理公式法中在最大 24 h 设计净雨过程中最大时段净雨 h_T 形成主洪峰过程线，可根据全省综合概化洪水过程线表推求出六点折腰多边形即求出主洪峰过程线。最大 3 d 设计净雨过程中除最大 24 h 以外的其他 2 d，则各以 1 d 作为一个时段求出其净雨量，然后根据几个时段净雨推求的流量过程各时段相加，求出总流量过程，推算流量过程见图 5-3。

广东省综合单位线根据表 5-7 选取不同面雨量下的损失参数求出净雨，再根据Ⅲ号量纲一单位线 $u_i\sim x_i$ 推算出 1 h 单位线过程，求得流量过程，推算流量过程见图 5-4。

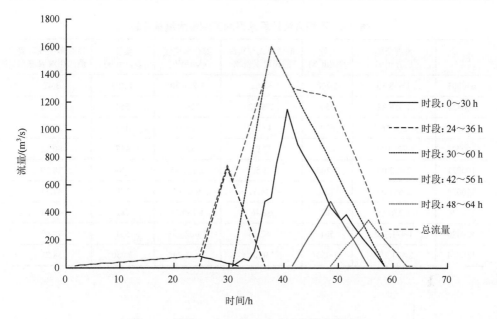

图 5-3　洪号 670803 推理公式法推算流量过程

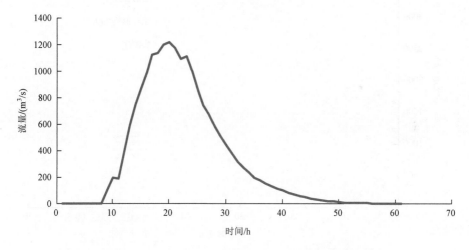

图 5-4　洪号 670803 广东省综合单位线法推算流量过程

　　根据实测暴雨资料和《广东省暴雨径流查算图表》的两种计算方法推算流量过程，结合表 5-8 和图 5-5 可以得到部分推理公式法计算的结果大于实测最大流量值，且部分推算结果的相对误差大于 20%；广东省综合单位线法推算结果相对偏小，且部分结果的相对误差大于 20%，并且 2010 年以后的推算流量结果相对误差较大，表明查算图表的结果误差偏大，在一定程度上不能满足现行暴雨资料推算洪水的要求。

表 5-8　不同方法计算结果和实测最大流量比较

洪号	推理公式 Q_m/(m³/s)	实测 Q_m/(m³/s)	推理公式与实测的相对误差/%	综合单位线 Q_m/(m³/s)	实测 Q_m/(m³/s)	综合单位线与实测的相对误差/%
670803	1 658.36	1 260	31.62	1 216.30	1 260	3.47
100429	1 658.22	554	199.32	726.87	554	31.20
100628	226.56	430	47.31	325.58	430	24.28
100723	721.04	417	72.91	752.37	417	80.42
100921	3 632.05	3 200	13.50	2 227.55	3 200	30.39
110629	1 687.03	720	134.31	992.47	720	37.84
110930	1 270.41	782	62.46	1 150.54	782	47.13
120420	1 471.722	561	162.34	1 002.463	561	78.69
130814	2 421.289	1 050	130.60	1 451.246	1 050	38.21

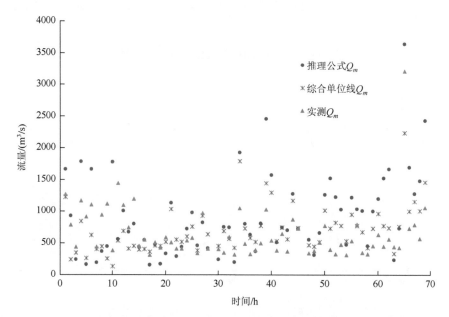

图 5-5　曹江流域 69 场洪水三种方法推算流量 Q_m

　　比较两种方法推求的流量过程线：单位线法流量过程线是根据设计净雨过程的逐段净雨推求得出，能较好地反映降雨过程的变化。推理公式法对降雨过程的变化没有充分考虑，主洪峰一概按统一的模式，即六点折腰多边形，其他时段则概化为三角形，雨洪不甚对应。因此，在推求设计洪水过程线方面，单位线法显然优于推理公式法。查算图表是 1988 年编写完成的，并且推算手册所应用的洪水过程也是 1988 年以前的，对于近几年洪水的推算相对误差较大。

5.6　洪水频率分布参数估计方法

极端水文事件是指流域在一定时期内具有突发性、低概率、破坏性强的特点，往往对人类生产生活产生一定影响的水文事件（孙桂丽等，2012；Shen et al.，2008）。极端水文事件的发生给我国带来严重的洪涝灾害，华南强降雨地区中小流域暴雨具有强度大、季节性强、时间短、范围小、致灾性重等特点，由此引起突发性洪水具有极强的破坏性；例如，2010 年 9 月 21 日受台风"凡亚比"影响，曹江上游出现了超过 200 年一遇的洪水，马贵站 12 h 雨量达 677 mm，日降水达到 829.7 mm，达 1000 年一遇，为稀遇暴雨；2013 年 8 月 14 日受台风"尤特"影响，袂花江上游利垌站 3 h 雨量达 301 mm，24 h 雨量 610 mm；诸如此类的大暴雨和特大暴雨给华南地区带来了严重洪水灾害。

我国水文频率计算中常用广义极值（generalized extreme value，GEV）分布和 Pearson Ⅲ型分布（记为 P-Ⅲ型分布）等方法研究洪水分布。因数据精度及计算误差的存在，概率分布模型的参数估计成为洪水频率计算的核心方法（陈子燊等，2013）。这些参数估计方法在我国得到大量的研究和应用，现行皮尔逊参数估计方法，包括传统的矩法、皮尔逊因子法、极大似然法、概率权重矩阵、权函数法、最小二乘法、最大熵法等；广义极值分布参数估计方法有极大似然法、常规矩法、间隔最大积（MPS）等。张静怡和徐小明（2002）对区域洪水采用线性矩区域综合方法进行分析；陈元芳等（2008）提出可考虑历史洪水信息的线性矩公式；叶长青等（2012）用 8 种概率分布方法分析北江流域水文极值特征。不同的参数方法适应性不同，针对参数估计方法的适用条件，本章主要探讨 P-Ⅲ型分布函数参数的 4 种估计方法与 GEV 分布函数参数的 4 种估计方法在曹江流域洪水频率计算中的应用，并通过拟合优度检验及水文重现期频率估算对估计方法进行对比分析，以得到最优的洪水分布方法。以大拜水文站逐日流量年最大值为样本数据，选取 1967~2013 年共 47 年极值流量序列，分析曹江流域水文极值变化。

5.6.1　研究方法

1. 分布函数

P-Ⅲ型分布在数学上也称为伽马分布，对随机变量（x），其概率密度函数为

$$f(x) = \frac{\beta^{\alpha}}{\Gamma(\alpha)}(x - \alpha_0)^{\alpha-1} \mathrm{e}^{-\beta(x-\alpha_0)} \quad (x > \alpha_0, \alpha > 0, \beta > 0) \tag{5-12}$$

式中，α_0、β、α 分别为分布的位置、尺度、形状参数，他们与常用的三个总体统计参数 $\bar{x}$、C_v、C_s 有如下关系：$\alpha_0 = \bar{x}\left(1 - \dfrac{2C_v}{C_s}\right)$、$\alpha = \dfrac{4}{C_s^2}$、$\beta = \dfrac{2}{\bar{x}C_v C_s}$。

2. 极值分布

1928 年，Fisher 和 Tippett（1928）提出了 3 种极值分布对独立同分布的极大值渐近分布进行研究。

极值 I 型（Gumbel）分布：

$$F_X(x) = P(X < x) = \exp\left[-\exp\left(\frac{x-u}{\sigma}\right)\right], -\infty < x < +\infty \tag{5-13}$$

极值 II 型（Fréchet）分布：

$$F_X(x) = P(X < x) = \begin{cases} \exp\left[-\left(\dfrac{x-u}{\sigma}\right)\right]^{\xi}, x > u \\ 0, \ x \leqslant u \end{cases} \tag{5-14}$$

极值 III 型（Weibull）分布：

$$F_X(x) = P(X < x) = \begin{cases} \exp\left[-\left(\dfrac{x-u}{\sigma}\right)\right]^{\xi}, x < u \\ 0, \ x \geqslant u \end{cases} \tag{5-15}$$

式中，ξ 为形状参数；σ 为尺度参数；u 为位置参数。

Jenkinson 及 Coles 根据极值分布理论，证明在渐近分布情况下发展为统一的三参数广义极值分布函数，其分布函数 $F_X(x)$ 表达式为

$$F_X(x) = P(X < x) = \begin{cases} \exp\left\{-\left[1 - \xi\left(\dfrac{x-u}{\sigma}\right)\right]^{1/\xi}\right\}, \xi \neq 0 \\ \exp\left[-\exp\left(\dfrac{x-u}{\sigma}\right)\right], \xi = 0 \end{cases} \tag{5-16}$$

当 $\xi = 0$ 为极值 I 型，即 Gumbel 分布；$\xi < 0$ 为极值 II 型，即 Fréchet 分布；$\xi > 0$ 为极值 III 型，即 Weibull 分布。

3. 参数估计

工程上《水利水电工程设计洪水计算规范》（GB 50012—2020）中采用 P-III 型分布作为洪水频率曲线的线型。但是实际中 GEV 分布是否能更好地应用于华

南地区中小流域洪水频率的计算还需要验证。有文献（叶长青等，2012；杨涛等，2009；Hosking，1990）表明，P-Ⅲ型分布中线性矩法具有良好的统计特性和不偏性较其他的估计方法更客观，GEV 分布的参数估计方法中极大似然法具有良好的统计性质但是对样本的数量具有一定的要求。是否上述方法对华南地区中小流域有较好的应用性，本节对适线法、常规矩法、概率权重矩阵、权函数法、间隔最大积等进行对比，各参数估计方法的公式及优缺点见表 5-9。

表 5-9　参数估计方法

分布	参数估计	公式	优缺点
P-Ⅲ型分布	线性矩法	$\lambda_r = r^{-1}\sum_{k=0}^{r-1}(-1)^k\left(\dfrac{r-1}{k}\right)EX_{k+1,r}, \ r=1,2\cdots$	优点：良好的不偏性、客观性
	常规距法	$E(\bar{X})=E\left(\dfrac{1}{n}\sum_{i=1}^{n}X_i\right)=\dfrac{1}{n}\sum_{i=1}^{n}E(X_i)=\mu$	优点：简单易行； 缺点：偏差系数（C_v）、偏态系数（C_s）偏小
	权函数法	$\Phi(x)=\dfrac{\sqrt{\lambda}}{\sigma\sqrt{2\pi}}e^{-\lambda\frac{(x-\bar{x})^2}{2\sigma^2}}$	优点：克服矩法求 C_v 误差； 缺点：均值存在误差
	适线法	—	优点：良好的直观性和灵活性； 缺点：主观任意性较强
GEV分布	概率权重矩阵	$M_{i,j,k}=E\{x^i[G(x)]^j[1-G(x)]^k\}$ $=\displaystyle\int_0^1 x^i G^j(1-G)^k\, dG$	优点：有效性； 缺点：应用不普遍
	极大似然法	$\ln\left[L\left(\theta|x\right)\right]=-n\ln(\sigma)$ $+\displaystyle\sum_{i=1}^{n}\left[\left(\dfrac{1}{\xi}-1\right)\ln(y_i)-y_i^{1/\xi}\right]$	优点：良好的统计性质； 缺点：样本数有要求
	常规距法	—	—
	间隔最大积	$F(x;\theta^0):\theta^0\in\Theta$	优点：渐进充分性、一致性和有效性

4. 拟合优度检验

对样本的重现水平的推算结果采用了 PPCC 检验法：

$$\mathrm{PPCC}=\sum_{i=1}^{n}(x_i-x_m)(\hat{x}_i-\hat{x}_m)\Big/\left[\sum_{i=1}^{n}(x_i-x_m)^2\sum_{i=1}^{n}(\hat{x}_i-\hat{x}_m)^2\right]^{\frac{1}{2}} \qquad (5\text{-}17)$$

均方根误差（RMSE）：

$$\text{RMSE} = \sqrt{\frac{1}{n-1}\sum_{i=1}^{n}(\hat{x}_i - x_i)^2} \tag{5-18}$$

经验累计频率和理论累计频率拟合误差平方和（Q）：

$$Q = \sum_{i=1}^{n}(P_i - P_{ei})^2 \tag{5-19}$$

式中，n 为样本容量；P_{ei} 为经验累积频率；P_i 为理论累积频率。对各概率分布模型做拟合优度检验，在 n 相同条件下，PPCC 越大，RMSE 和 Q 越小，拟合结果越好。

5.6.2 结果分析

1. P-Ⅲ型分布参数估计结果与洪水设计值

由表 5-10 可知 P-Ⅲ型分布函数参数的线性矩法、常规距法、权函数法、适线法 4 种参数估计方法计算及优化拟合结果。4 种参数估计方法中位置参数（α_0）、尺度参数（β）数值相近，形状参数（α）数值相差较大。在拟合优度检验中线性矩法的 RMSE 最小，常规矩法的 Q 最小，线性矩法、常规距法、适线法的 PPCC 最大为 0.991，表明 4 种参数估计方法均可用于曹江流域 P-Ⅲ型分布参数估计，综合比较常规矩法结果最优。

表 5-10 两种分布的参数估计及优化检验结果

分布	估计方法	位置参数	尺度参数	形状参数	RMSE	Q	PPCC
P-Ⅲ型分布	线性矩法	1.645	0.008	74.356	19.642	0.037	0.991
	常规矩法	1.977	0.009	57.608	20.588	0.004	0.991
	权函数法	0.866	0.005	117.506	28.105	0.119	0.987
	适线法	1.191	0.006	87.061	23.39	0.882	0.991
GEV 分布	概率权重矩阵	197.212	100.299	0.134	24.663	0.007	0.991
	极大似然法	197.06	96.692	0.163	23.91	0.006	0.992
	常规矩法	201.396	112.2	0.036	29.097	0.081	0.985
	MPS	195.262	103.078	−0.189	26.927	0.042	0.99

2. GEV 分布参数估计结果与洪水设计值

GEV 分布函数参数的概率权重矩阵、极大似然法、常规矩法、MPS 4 种参数估计方法的计算及优化拟合结果（见表 5-10）表明，广义极值分布 4 种参数估计方法参数值较为相近，且概率权重矩阵、极大似然法、常规矩法形态参数为正值，表明水文极值序列属于极值Ⅲ型分布、右短尾分布；而 MPS 形态参数为负值，表明水文极值序列属于极值Ⅱ型分布即 Fréchet 分布、左短尾分布。在拟合优度检验中极大似然法 RMSE、Q 数值最小、PPCC 数值最大，表明 GEV 分布极大似然法参数估算结果最优。

3. 重现期

表 5-11 为 P-Ⅲ型分布及 GEV 分布不同重现水平的分位值。参数估计推算的设计频率分位值表明，GEV 分布的极大似然法估计结果较大，为设计洪水安全工程考虑，优先选择 GEV 分布及其参数估计方法极大似然法作为曹江流域洪水分布应用。大拜水文站流量序列的广义极值分布累计频率曲线（图 5-6）显示，P-Ⅲ型分布的常规矩法及 GEV 分布极大似然法估计线性拟合情况较好。因此推荐 GEV 分布作为曹江流域洪水分布计算方法，极大似然法作为 GEV 分布最优参数估计方法。

表 5-11　两种线型参数估计的设计频率分位值　　　　（单位:m³/s）

重现期/a	P-Ⅲ型分布				GEV 分布			
	线性矩法	常规矩法	权函数法	适线法	概率权重矩阵	极大似然法	常规矩法	MPS
200	875	852	1 031	971	971	1 010	857	1 134
100	785	767	907	861	836	860	763	951
50	693	681	783	751	712	724	672	790
20	570	564	620	604	563	567	553	606
10	474	473	498	491	461	460	465	484
5	375	377	377	377	364	361	374	374
2	232	236	221	222	235	234	243	234

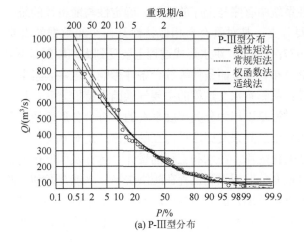

(a) P-Ⅲ型分布

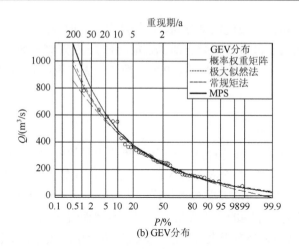

图 5-6　洪水极值两种分布的累积频率曲线

　　以曹江流域 47 年极值流量序列，采用 P-Ⅲ型分布 4 种参数估计方法及 GEV 分布 4 种参数估计方法，并结合拟合优度检验及重现期获取最优分布方法及参数估计方法，两种分布均可以应用于大拜水文站洪水极值分布拟合，且 GEV 分布极大似然法拟合优度检验结果更好，更适合于曹江流域设计洪水频率计算。考虑了洪水分布特性，可利用编程等方法求解，运算结果更符合实际情况，为华南强降雨地区设计洪水推求提供了参考。

5.7　基于分形理论的华南中型水利枢纽洪水分期研究

　　洪水分期是流域水文要素形态随时间变化规律的关键指标，在防洪管理及水利工程运行调度中发挥重要作用。分形理论是以不规则几何形态为研究对象的几何学，它揭示了非线性系统中有序与无序的统一、确定性与随机性的统一，是现代非线性科学的一个重要分支，是对具有自相似特性几何空间数据的重要分析工具和手段（Mandelbrot，1977；1982）。洪水形成过程主要受到太阳辐射、不同尺度天气系统影响、降雨量时空分布、下垫面条件等综合条件影响，这些因素呈现出随机性、非线性和相似性特征；从影响水文过程的主要气候因素特性来看，具有以年为周期的季节性变化，这种过程是以年为分类尺度来看的，符合分形理论的自相似性。因此，采用分形理论的分维工具来发掘这种内在的规律，是对水文过程自身规律的识别。洪水具有季节性变化规律，在水利工程的设计、运行及调度规则制定中，都必须考虑这种特性，以便充分发挥水利工程在防洪抗旱、水能开发利用效益。近年来，将分形理论应用于洪水分期方面的研究已较多，如王中雅等（2015）研究了分形理论在太湖洪水中的分期；石月珍等（2010）基于分形理论研究了湘江流域洪水分期。

目前在分形研究中普遍的做法是在对研究对象自相似性的定性认识基础上，根据 $\ln(\varepsilon)$ - $\ln NN(\varepsilon)$ 关系曲线中是否存在直线段即无标度区来判断是否符合分形。在此基础上，基于分形理论对华南山区典型大型水利工程——乐昌峡水利枢纽上下游站点展开分形计算，并通过对比分析，获得有益的结论，可供借鉴。

乐昌峡水利枢纽位于广东省乐昌市境内北江支流武江乐昌峡河段内，下距乐昌市约 14 km，集水面积 4988 km^2，多年平均降雨量 1488 mm，多年平均流量 138 m^3/s，防洪库容 2.1129 亿 m^3，工程等级属于 II 等大（2）型，是武江控制性工程枢纽，乐昌峡水利枢纽所在流域发源于南岭山脉，地貌陡峻，河道坡降大，是典型的华南山区大型水利枢纽，也是北江防洪体系重要组成部分，在北江流域防洪调度、水资源管理中发挥重要作用，对其汛期进行合理分期尤为重要。该工程于 2009 年 9 月截流，2013 年 1 月开始蓄水。本节运用分形理论分析乐昌峡流域时间序列特征，研究该流域的水文序列的季节变异规律，通过分形分析，得到乐昌峡水利枢纽前汛期为 3 月 1 日至 4 月 10 日，主汛期为 4 月 11 日至 6 月 30 日，后汛期为 7 月 1 日至 9 月 30 日。

乐昌峡水利枢纽所在的武江流域干流上、下游分别设有坪石、犁市两个水文站，其中，坪石水文站（下文简称坪石站）位于广东省韶关市乐昌市坪石镇灵石坝村，集水面积为 3567 km^2，占乐昌峡水利枢纽总集水面积的 71.5%，是乐昌峡水利枢纽入库代表站；犁市水文站（下文简称犁市站）位于广东省韶关市浈江区犁市镇河边厂，集水面积 6976 km^2，是北江一级支流，武江出口控制站。

洪水分期计算选用历年逐日最大流量统计成果进行。坪石站的资料序列一致性较好，选用 1964～2013 年；由于犁市站 2006 年以后受上下游水利工程影响，逐日最大流量受较大影响，因此选用资料年限为 1955～2006 年。研究系列样本资料起止时间为当年 3 月 1 日至 10 月 31 日，分析尺度为 1 d，系列长度为 245 d（图 5-7）。

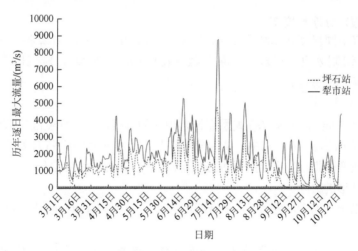

图 5-7　乐昌峡流域历年逐日最大流量过程

5.7.1 研究方法

1. 容量维数

分形理论中分维的算法有多种，主要有盒子维数、容量维数、信息维数、关联维数等，对应不同的研究目的和研究对象。根据水文过程及洪水分期的计算要求，选择容量维数作为分维计算方法。

容量维数是由 Kolmogovov 基于包覆推导，假定要考虑的样本是 n 维欧几里得空间集合时，用半径为 ε 的 d 维球包覆其集合时，所需最小的球数是 $N(\varepsilon)$，则可将容量维数 Dc 定义为（朱华和姬翠翠，2011；孙博玲，2004；丁晶和侯玉，1988）：

$$Dc \equiv \lim_{\varepsilon \to 0} \frac{\ln N(\varepsilon)}{\ln(1/\varepsilon)} \qquad (5\text{-}20)$$

在实际操作中，点绘 $\ln(\varepsilon) - \ln N(\varepsilon)$ 图形，如果在 $\varepsilon \to 0$ 的邻近若干序列点距构成近似直线段，则可认为此序列构成分形，近似直线段的范围成为无标度区。

2. 计算步骤

以水文时间序列为研究对象，在一定的切割水平下（本节取估算区间均值×1.1），用尺度变换法求容量维数，具体步骤如下。

（1）确定分期起点以及切割水平（门限值）z（采用时段内序列均值的 1.1 倍）。

（2）假定分期长度 T。

（3）取不同尺度 ε（本节 $\varepsilon_i = 1, 2, 3, \cdots, 10$，单位：d），计算各个尺度下的样本值大于切割水平的最小包覆个数 $N(\varepsilon)$（即绝对度量），计算相对度量

$NN(\varepsilon) = \dfrac{N(\varepsilon)}{N_T} = \dfrac{N(\varepsilon)}{T/\varepsilon}$。

（4）点绘 $\ln(\varepsilon) - \ln NN(\varepsilon)$ 关系点据，中间的直线段（无标度区）斜率为 b，计算分维维度 $Db = d - b$，式中，d 为分形拓扑维，水文时间序列为 2 维，取 $d = 2$。

（5）改变分期 T，得到不同的分维维度，当分维维度发生显著变化时，即寻找到符合分形的分期。

（6）以上一分期末作为下一分期的起点，重复以上步骤，即可得到各个分期结果。

从上述步骤可见，分形分析过程的计算步骤多、计算量大，为了提高分析效

率，本书作者基于.Net 平台与 Math.Net 数值计算开源包开发了专用计算工具，实现了快速可视化的计算。

5.7.2　结果分析

1. 传统分期结果

传统分期一般靠经验统计或者数学统计方法，将洪水量级大体一致的时段划分为一个时期。按照广东省防汛相关手册，广东省全省汛期定为 4 月 15 日至 10 月 15 日。采用矢量统计法、有序聚类等方法对乐昌峡水利枢纽洪水分期研究计算结果（钟逸轩等，2014），3 月 1 日至 4 月 20 日为前汛期，4 月 21 日至 7 月 10 日为主汛期，7 月 11 日至 9 月 30 日为后汛期，表 5-12 为采用各方法的分期结果；从该结果可见，各方法确定的前汛期的结束时间基本在 3 月 25 日至 5 月 2 日之间，分布时间范围较长；主汛期的结束时间在 6 月 25 日至 7 月 15 日之间，相对较集中。

表 5-12　乐昌峡流域汛期分期结果汇总表

分期方法		前汛期	主汛期	后汛期
矢量统计法	日均值	3 月 1 日～5 月 2 日	5 月 3 日～7 月 3 日	7 月 4 日～9 月 30 日
	洪峰值	3 月 1 日～4 月 3 日	4 月 4 日～6 月 30 日	7 月 1 日～9 月 30 日
模糊分析法		3 月 1 日～4 月 8 日	4 月 9 日～6 月 25 日	6 月 26 日～9 月 30 日
水文特征值法		3 月 1 日～4 月 30 日	5 月 1 日～7 月 15 日	7 月 16 日～9 月 30 日
有序聚类法		3 月 1 日～3 月 25 日	3 月 26 日～7 月 2 日	7 月 3 日～9 月 30 日

2. 坪石站分期计算

前汛期以 3 月 1 日为计算起始时间，选择截止时间及计算时段，以该时段内的逐日最大流量均值的 1.1 倍作为门限流量，选择不同尺度 ε（$\varepsilon = 1\sim10$）计算各个尺度下的 $\ln(\varepsilon)$、$\ln NN(\varepsilon)$，点绘得到相关点，选择满足线性关系的相关点并确定其斜率 b、截距 a，即得到该分期的容量维数 $Dc = 2-b$。表 5-13 和图 5-8 分别为前汛期不同分期的容量维数计算和 $\ln(\varepsilon)$-$\ln NN(\varepsilon)$ 相关图。从图 5-8 可见，选择时段长 $T = 20$、25、31 的样本容量维数比较接近，变化较小，故认编号为 A、B、C 的分期为同一分期；当 $T = 36$ 时，容量维数发生较大变化，应归之为其他分期。故可确定前汛期为 3 月 1 日～3 月 31 日。

表 5-13　坪石站前汛期不同分期容量维数计算

编号	分期			门限流量/(m³/s)	相关系数 R^2	斜率 b	容量维数 Dc
	T/d	起始时间	截止时间				
A	20	3 月 1 日	3 月 20 日	1 020	0.875	0.4475	1.553
B	25	3 月 1 日	3 月 25 日	990	0.913	0.4751	1.525
C	31	3 月 1 日	3 月 31 日	1 040	0.961	0.4762	1.524
D	36	3 月 1 日	4 月 5 日	1 030	0.977	0.5292	1.471

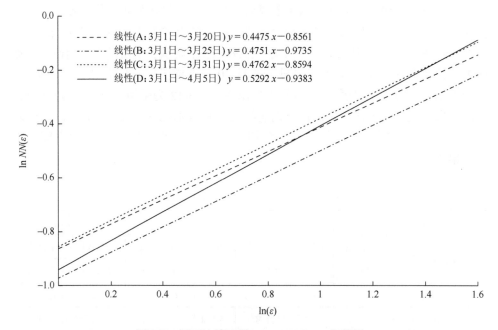

图 5-8　坪石站前汛期 $\ln(\varepsilon)$ - $\ln NN(\varepsilon)$ 相关图

　　根据前汛期结束时间，确定 4 月 1 日作为主汛期计算起始时间，得到坪石站主汛期分期计算结果，分别见表 5-14、图 5-9。从表 5-14 可见，编号为 A、B、C 三个分期的容量维数基本接近，故认为是同一分期，可确定主汛期为 4 月 1 日～6 月 30 日。

表 5-14　坪石站主汛期不同分期容量维数计算

编号	分期			门限流量/(m³/s)	相关系数 R^2	斜率 b	容量维数 Dc
	T/d	起始时间	截止时间				
A	61	4 月 1 日	5 月 31 日	1 410	0.947	0.4353	1.565
B	81	4 月 1 日	6 月 20 日	1 550	0.921	0.4680	1.532
C	91	4 月 1 日	6 月 30 日	1 630	0.967	0.4735	1.526
D	101	4 月 1 日	7 月 10 日	1 600	0.983	0.5105	1.489

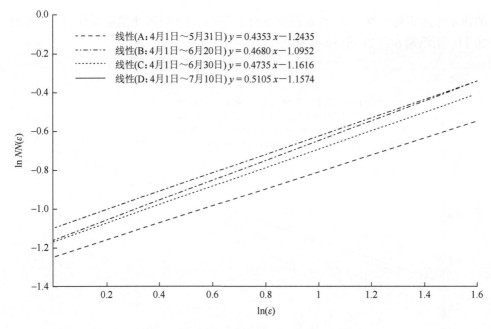

图 5-9　坪石站主汛期 $\ln(\varepsilon)$ - $\ln NN(\varepsilon)$ 相关图

　　根据主汛期计算结果，确定 7 月 1 日作为后汛期计算起始时间，计算坪石站后汛期分期，结果分别见表 5-15、图 5-10。从表 5-15 可见，编号 A、B、C 三个分期的容量维数基本接近，故认为是同一分期，可确定 9 月 30 日为后汛期结束时间，后汛期为 7 月 1 日~9 月 30 日。

表 5-15　坪石站后汛期不同分期容量维数计算

编号	分期			门限流量/(m³/s)	相关系数 R^2	斜率 b	容量维数 Dc
	T/d	起始时间	截止时间				
A	72	7 月 1 日	9 月 10 日	1 350	0.986	0.4520	1.548
B	82	7 月 1 日	9 月 20 日	1 200	0.985	0.4419	1.558
C	92	7 月 1 日	9 月 30 日	1 200	0.987	0.4661	1.534
D	102	7 月 1 日	10 月 10 日	1 100	0.978	0.3954	1.605

3. 犁市站分期计算

　　同样以 3 月 1 日作为分期分析起点，分析犁市站的洪水各个分期，得到各分期结果。表 5-16、表 5-17、表 5-18 分别为前汛期、主汛期、后汛期的容量维数计算结果，$\ln(\varepsilon)$ - $\ln NN(\varepsilon)$ 相关图不再列出。根据计算结果，最终确定犁市水文站

的洪水分期研究计算结果为：前汛期 3 月 1 日～4 月 10 日，主汛期 4 月 11 日～6 月
20 日，后汛期 6 月 21 日～9 月 30 日。

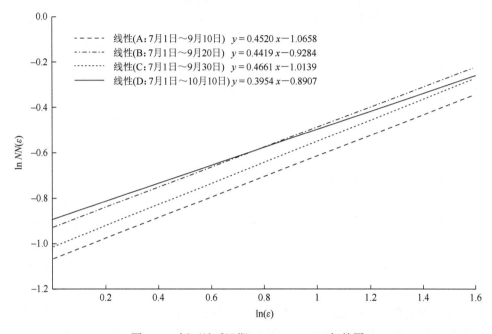

图 5-10　坪石站后汛期 $\ln(\varepsilon)$ - $\ln NN(\varepsilon)$ 相关图

表 5-16　犁市站前汛期不同分期容量维数计算

编号	分期			门限流量/(m³/s)	相关系数 R^2	斜率 b	容量维数 Dc
	T/d	起始时间	截止时间				
A	20	3 月 1 日	3 月 20 日	1 600	0.977	0.569	1.431
B	31	3 月 1 日	3 月 31 日	1 650	0.995	0.550	1.450
C	41	3 月 1 日	4 月 10 日	1 650	0.972	0.552	1.448
D	46	3 月 1 日	4 月 15 日	1 650	0.990	0.452	1.548

表 5-17　犁市站主汛期不同分期容量维数计算

编号	分期			门限流量/(m³/s)	相关系数 R^2	斜率 b	容量维数 Dc
	T/d	起始时间	截止时间				
A	40	4 月 11 日	5 月 20 日	2 400	0.959	0.256	1.744
B	51	4 月 11 日	5 月 31 日	2 400	0.959	0.256	1.744
C	71	4 月 11 日	6 月 20 日	2 600	0.953	0.287	1.713
D	76	4 月 11 日	6 月 25 日	2 700	0.985	0.395	1.605

表 5-18　犁市站后汛期不同分期容量维数计算

编号	分期			门限流量/(m³/s)	相关系数 R^2	斜率 b	容量维数 Dc
	T/d	起始时间	截止时间				
A	72	6 月 21 日	8 月 31 日	2 700	0.981	0.525	1.475
B	82	6 月 21 日	9 月 10 日	2 600	0.986	0.522	1.478
C	102	6 月 21 日	9 月 30 日	2 300	0.997	0.522	1.478
D	122	6 月 21 日	10 月 20 日	2 150	1.000	0.554	1.446

4. 综合分析

根据上述计算结果，现将坪石站、犁市站利用分形分析划分洪水分期的成果列于表 5-19。由表 5-19 可知，坪石站与犁市站的洪水分期分形结果非常接近，说明坪石站与犁市站的洪水过程时间规律是基本一致的。由于坪石—犁市区间洪水影响为两个序列带来的一致性差异，以及两站用于分析资料年限存在差异造成的时间代表性差异，均可能是造成计算结果存在差异的原因。

考虑两站的各自代表性及保障安全、防洪调度等因素，综合确定乐昌峡水利枢纽洪水分期划分：3 月 1 日至 4 月 10 日为前汛期，4 月 11 日至 6 月 30 日为主汛期，7 月 1 日至 9 月 30 日为后汛期。将这一成果与其他方法的成果进行比较，结果基本一致，说明分形分析可以用于乐昌峡水利枢纽洪水分期计算。

表 5-19　分形分析洪水分期成果

序号	分期名称	坪石站			犁市站		
		起止日期	无标度区	容量维数	起止日期	无标度区	容量维数
1	前汛期	3 月 1 日～3 月 31 日	$e^0 \to e^{1.39}$	1.524	3 月 1 日～4 月 10 日	$e^0 \to e^{1.39}$	1.448
2	主汛期	4 月 1 日～6 月 30 日	$e^0 \to e^{1.39}$	1.526	4 月 11 日～6 月 20 日	$e^0 \to e^{1.10}$	1.713
3	后汛期	7 月 1 日～9 月 30 日	$e^0 \to e^{1.39}$	1.534	6 月 21 日～9 月 30 日	$e^0 \to e^{1.39}$	1.478

5.7.3　结论

乐昌峡水利枢纽洪水分期划分：3 月 1 日～4 月 10 日为前汛期，4 月 11 日～6 月 30 日为主汛期，7 月 1 日～9 月 30 日为后汛期。其研究结果与传统方法结果大体一致，说明分形分析可用于乐昌峡水利枢纽洪水分期计算。

分形分析划分洪水分期的基本思想是计算不规则时间序列的各个分期区间的维度，通过维度来反映降雨径流系列在年内的相似性的变化过程，实质上是通过观测尺度的逐步缩短及分形维度的变化，获得符合观测区间不规则数据特征的准确"尺度",从而识别出时间序列在频度及规模上的敏感变化,分形作为洪水分期及其他水文要素变异现象的诊断与分类的有力工具。

5.8　中小流域洪峰流量与水位联合分布的设计洪水分析

洪水是造成生命财产损失的一种主要自然灾害,评估由洪峰流量、洪量和历时相互关联的随机变量构成的洪水事件的风险,对防洪排水系统设计及水库洪水调度等方面具有重要意义。Copula 函数被广泛应用于多变量极端水文事件概率分布(范嘉炜和黄锦林,2017;冉启香和张翔,2010)。Nelsen(2006)对 Copula函数的性质和这个领域的主要研究成果做了总结。谢华和黄介生(2008)综述了水科学领域基于 Copula 函数的二变量联合概率分布模型。陈子燊等(2016)应用非对称 Gumbel-Hougaard Copula 函数,对洪峰流量、洪量和历时进行了三变量洪水的联合分布和条件概率分布,并以最大可能概率推算了三变量洪水要素的重现期设计值。本节通过实例分析,比较洪峰流量与相应水位在"OR"、"AND"和Kendall 联合重现期设计水平之间的差异,讨论了 Copula 函数在水文多变量联合分布中的应用,推求不同组合概率和相应重现期的组合设计值,以期为防洪安全设计与水利工程规划提供科学依据。

5.8.1　理论与方法

1. Copula 函数与首次重现期

对于历年多个抽样的洪水序列,随机变量洪峰流量(Q)和洪峰水位(H)的重现期 T_Q 和 T_H 分别为

$$T_Q = \frac{E(L)}{1 - F_Q(q)}; \quad T_H = \frac{E(L)}{1 - F_H(h)} \tag{5-21}$$

式中,$E(L)$ 为历次洪水时间间隔的期望值;$F_Q(q)$、$F_H(h)$ 分别表示洪峰流量(Q)和洪峰水位(H)的累积分布。

根据 Sklar 定理,设(X, Y)为二维随机变量,$u = F_X(x)$,$v = F_Y(y)$ 为连续的边缘分布函数,其联合分布函数为 $F(x, y)$,则有唯一的 Copula 函数 C 使得

$$F(x, y) = P(X \leqslant x, Y \leqslant y) = C[F_X(x), F_Y(y)] = C(u, v) \tag{5-22}$$

定义极端事件 $E_{XY}^{\vee}$ 为:$E_{XY}^{\vee} = (X > x \vee Y > y)$,表示两变量中任一变量超过临界值。极端事件 $E_{XY}^{\vee}$ 的"OR"联合重现期(也称首次重现期,primary return periods)为

$$T_{OR} = \frac{1}{P(X > x \vee Y > y)} = \frac{E(L)}{1 - C[F_X(x), F_Y(y)]} \tag{5-23}$$

极端事件 $E_{XY}^{\wedge}$ 的 "AND" 联合重现期为

$$T_{\text{AND}} = \frac{1}{P(X \geqslant x \wedge Y \geqslant y)} = \frac{E(L)}{1 - F_X(x) - F_Y(y) + C[F_X(x), F_Y(y)]} \quad (5\text{-}24)$$

2. Kendall 分布函数与 Kendall 联合重现期

从 "OR" 和 "AND" 联合重现期可知，相同的累计频率均可产生相同的重现期，不会因 (u, v) 组合事件的不同而改变。为解决由 "OR" 和 "AND" 联合重现期存在的对安全事件与危险事件错误的识别，又将其分为亚临界、临界和超临界（危险域）三种情景（郭生练等，2016）。

与 Copula 函数累积概率为 t 的 (u, v) 组合值相关联的 Kendall 测度 K_C 为

$$K_C(t) = t - \varphi(t) / \varphi'(t), \ 0 < t \leqslant 1 \quad (5\text{-}25)$$

式中，$\varphi'(t)$ 为 $\varphi(t)$ 的右导数。

由 Kendall 测度确定的重现期称为 Kendall 联合重现期

$$T_{\text{Ken}}(x, y) = E(L) / [1 - K_C(t)] \quad (5\text{-}26)$$

3. 联合分布设计值

由于对某预定的重现期存在无数个满足防洪标准的多变量分位值组合，如何合理地推算联合分布设计值的问题成为一个关键问题（Volpi and Fiori，2012）。有关研究指出，若重现期分位值相同，设计分位值组合必然存在使得联合概率密度达到最大的组合，可利用式（5-27）和式（5-28）推算联合分布设计值（郭生练等，2016；Salvadori, et al., 2011）：

$$(u_m, v_m) = \underset{(u, v) \in S_p^{\vee}}{\operatorname{argmax}} f(u, v) \quad (5\text{-}27)$$

$$f(u, v) = c(u, v) f(u) f(v) \quad (5\text{-}28)$$

式中，$c(u, v)$ 为二维 Archimedean Copula 的概率密度函数；$f(u)$ 和 $f(v)$ 分别为 u 和 v 的边缘分布的概率密度函数。

5.8.2　洪峰流量与水位联合分布的设计洪水分析

以粤北韶关地区的罗坝水流域为典型研究区，进行罗坝水流域洪峰流量和水位联合分布的设计洪水分析。罗坝水为墨江一级支流，流域上游河谷深切，多急滩，中游呈宽浅状，每遇洪水冲刷易造成河床变迁。流域内集水面积 339 km²，河床平均坡降 5.9‰。流域内多年平均降水量 1647 mm，年内降水分配不均，4～9 月的降水量占全年降水量的 72%。中上游分别设有车八岭、都亨、黄腾径、梅子窝、小安、小铁寨和结龙湾 7 个雨量站。出口断面结龙湾水文站集水面积

281 km^2，流域多年平均年径流量 2.75 亿 m^3，丰水年径流量 4.40 亿 m^3，平水年径流量 2.56 亿 m^3，枯水年径流量 1.32 亿 m^3。1976 年 4 月 9 日测得最大流量 1110 m^3/s。

根据结龙湾水文站1958～2013年提取的175场洪峰流量与相应的洪峰水位作为流域洪水样本开展洪峰流量与洪峰水位联合分布研究。

1. 边缘分布与联合分布

对洪峰流量 Q 和洪峰水位 H 数据分别采用广义正态分布（GND）、广义极值（GEV）分布、广义逻辑斯谛分布（GLD）、皮尔逊三（P-III）型分布和广义帕累托（Pareto）分布（GPD）5 个三参数概率分布拟合，使用较稳健的线性矩法进行分布函数参数估计（Hosking，1990），用 Gringorten 公式：$P_i = (i - 0.44) / (n + 0.12)$ 计算经验频率。为了进一步选择拟合程度较好的分布函数，利用均方根误差（RMSE）和概率图相关系数（PPCC）进行拟合优度评价。参数估计及优度检验结果（见表 5-20），RMSE 愈小、PPCC 愈大表示拟合结果愈好，择优比较选用 GLO 分布。

表 5-20　洪峰流量和洪峰水位的分布的参数估计及优化检验结果

样本	边缘分布	位置参数	尺度参数	形态参数	RMSE	PPCC
	GND	120.617	54.789	−0.966	25.822	0.972
	GEV 分布	107.446	38.985	−0.392	22.599	0.978
Q/(m^3/s)	GLD	123.815	32.025	−0.448	22.129	0.979
	P-III型分布	80.812	0.540	0.007	33.993	0.951
	GPD	73.811	61.336	−0.238	130.466	0.932
	GND	135.929	0.619	−0.422	0.114	0.988
	GEV 分布	135.739	0.516	−0.052	0.107	0.989
H/m	GLD	135.942	0.351	−0.204	0.093	0.992
	P-III型分布	134.932	2.628	2.318	0.130	0.984
	GPD	135.191	1.156	0.322	0.130	0.965

采用基于秩相关的 Kendall 相关系数度量洪峰流量 Q 和洪峰水位 H 的相关性，计算得到相关系数为 0.667，表明 Q 与 H 之间存在一定的正相关性。选择 Clayton Copula 函数、A-M-H Copula 函数、Gumbel-Hougaard（G-H）Copula 函数和 Frank Copula 函数作为候选函数，采用相关性指标法计算上述候选函数的参数 θ，并采用 AIC 和 OLS 对结果进行检验（见表 5-21）。OLS 和 AIC 愈小表示拟合结果愈佳，但鉴于洪水概率属于极大值分布，Gumbel-Hougaard Copula 更适用于上尾部的拟合情景，故构建 G-H Copula 构建 Q 和 H 的联合分布模式：

$$C\left[F_Q(q), F_H(h)\right] = \exp\left(-\left\{\left[-\ln F_Q(q)\right]^{3.006} + \left[-\ln F_H(h)\right]^{3.006}\right\}^{1/3.006}\right) \quad (5\text{-}29)$$

表 5-21 四种 Copula 函数的参数及其拟合优度指标

Copula 函数名称	θ	OLS	AIC
Clayton	4.013	0.383	−334
A-M-H	0.900	0.084	−863
G-H	3.006	0.048	−1 060
Frank	10.064	0.045	−1 083

2. 条件概率分布

由概率论可知，在 $Q \geq q$ 条件下，$H \geq h$ 的条件概率分布为

$$P\left(H \geq h \middle| Q \geq q\right) = \frac{P(H \geq h, Q \geq q)}{P(Q \geq q)} = \frac{1 - F_H(h) - F_Q(q) + F(q, h)}{E(L) \cdot [1 - F_Q(q)]} \quad (5\text{-}30)$$

由式（5-30）分析特定设计洪峰流量 Q 条件下出现洪峰水位 H 的概率分布。结龙湾水文站 $P(H \geq h | Q \geq q)$ 条件概率分析结果见表 5-22 和图 5-11。可以看出二者遭遇的条件概率有以下特点：主对角线上同频率遭遇的概率超过 74%，主对角线以上二者遭遇的概率则大于 92%。以 Q 出现大于等于概率 $P_{1\%}$ 时的设计洪峰流量（990 m^3/s）为例，H 出现大于等于 $P_{1\%}$ 到 $P_{20\%}$ 的条件概率的数值为依次增长。表明当 Q 大于等于某一设定频率及其设计值时，H 出现大于等于该频率设计值的条件概率随之增大。表 5-22 显示，洪峰流量与洪峰水位存在着多种防洪标准的 Q-H 组合，分析多种洪水峰量组合出现的不同遭遇概率有利于防汛减灾的风险管理。

表 5-22 Q-H 联合分布条件概率分布结果

H/m	Q/(m^3/s)					
	290/$P_{20\%}$	382/$P_{10\%}$	505/$P_{5\%}$	738/$P_{2\%}$	990/$P_{1\%}$	1332/$P_{0.5\%}$
137.2/$P_{20\%}$	0.751	0.927	0.982	0.997	0.999	1.000
137.7/$P_{10\%}$	0.463	0.746	0.924	0.988	0.997	0.999
138.2/$P_{5\%}$	0.245	0.462	0.743	0.949	0.987	0.997
139.0/$P_{2\%}$	0.100	0.198	0.380	0.742	0.921	0.980
139.8/$P_{1\%}$	0.050	0.100	0.197	0.461	0.741	0.921
140.6/$P_{0.5\%}$	0.025	0.050	0.100	0.245	0.460	0.741

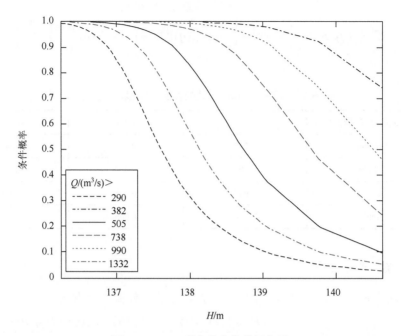

图 5-11　*Q-H* 联合分布条件概率图

3. 联合重现期

重现期（200 年、100 年、50 年、20 年、10 年、5 年）标准下洪峰流量 *Q* 和洪峰水位 *H* 联合分布的三种重现期及其危险率（*P*）计算结果（表 5-23 和图 5-12），对于设定的重现期，以"OR"和"AND"联合重现期及设定的重现期为标准的危险率 *P* 之间关系为 $P_{OR} \leqslant P_{设定} \leqslant P_{AND}$。由式（5-22）、式（5-23）和 *C* 的非递减性可知，重现期大则危险率小，反之则危险率大，因此洪水峰量任一要素超标，可能致灾。危险率以前者为标准危险率，以最大后者为标准最小。但由上述可知，两者联合重现期均存在对危险率不准确评估的问题。基于安全角度考虑，选用 Kendall 联合重现期为工程设定标准更合理。

表 5-23　*Q-H* 联合分布的三种联合重现期及其危险率

T/a	T_{OR}/a	T_{AND}/a	T_{Ken}/a
200	158.9	269.7	237.8
100	79.5	134.7	118.8
50	39.8	67.2	59.3
20	16.0	26.7	23.6
10	8.1	13.2	11.7
5	4.1	6.5	5.7

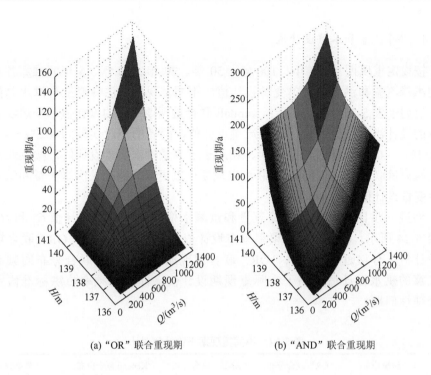

(a) "OR" 联合重现期　　　　　　　　(b) "AND" 联合重现期

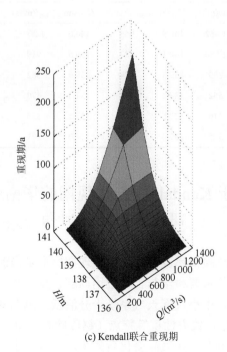

(c) Kendall联合重现期

图 5-12　*Q-H* 联合分布的三种联合重现期

4. 洪峰流量和水位设计值

按设定重现期（200 年、100 年、50 年、20 年、10 年、5 年）推算各水文站的洪峰流量和洪水总量单变量设计值，不同重现期下洪峰流量与洪水总量的设计值列于表 5-24，结果显示：Kendall 联合重现期推算的设计值小于边缘分布推算的设计洪峰水位和设计洪峰流量设计值，两者的相对误差为–6.5%～–10%和–0.1%～–0.2%。上述结果表明，相对于单变量洪水要素设计值，按洪峰水位和洪峰流量联合分布的 Kendall 联合重现期可以更合理地推求洪峰流量和洪水总量单变量设计值。

为进一步比较分析，洪峰流量和洪峰水位同频率分布设计值 Q_T 和 H_T，如表 5-24 所示，Q_T 和 H_T 同频率分布设计值与 Q_{OR} 和 H_{OR} 的"OR"联合重现期设计值十分接近，表明以"OR"联合重现期及洪水峰量联合分布同频率分布推算的洪水设计值将高于实际重现期设计值，即以同频率防洪标准假定存在合理性问题。

表 5-24　不同重现期下设计值对比

T/a	边缘分布		"OR"联合分布		"AND"联合分布		Kendall 联合分布		同频率分布	
	$Q/(m^3/s)$	H/m	$Q_{OR}/(m^3/s)$	H_{OR}/m	$Q_{AND}/(m^3/s)$	H_{AND}/m	$Q_{Ken}/(m^3/s)$	H_{Ken}/m	$Q_T/(m^3/s)$	H_T/m
200	1 332	140.6	1 462	140.9	965	140.0	1 200	140.3	1 472.0	140.9
100	990	139.8	1 086	140.1	787	139.5	919	139.6	1 092.0	140.0
50	738	139.0	809	139.3	624	138.9	682	138.9	813.3	139.3
20	505	138.2	552	138.4	425	138.0	470	138.1	555.0	138.4
10	382	137.7	416	137.8	328	137.5	355	137.6	418.3	137.8
5	290	137.2	315	137.4	256	137.0	271	137.1	316.9	137.3

5.9　基于 Kendall 联合重现期的华南中小流域洪水峰量联合分布

水文极端事件的风险概率及其相应的重现期标准是当前防洪减灾在设计洪水计算中迫切需要解决的重要科学与工程应用问题。受亚热带季风性气候影响，华南地区天气系统复杂，中小尺度天气系统十分活跃，汛期降雨具有强度大，季节性强，时间短、范围小、致灾性重等特点（赵玲玲等，2019），山区地貌陡峻，河道坡降大，山洪灾害频发。在气候变化背景下，山区中小流域增大了极端降水频率与强度，产生的山洪灾害及诱发的泥石流和滑坡等地质灾害已成为防灾减灾的重点（郑国强等，2009）。研究洪水最大洪峰和洪量的分布类型和重现期，均可为防洪工程的建设和优化提供依据。但是单变量频率的分析并不能满足洪水多个特征属性的特点，且变量之间存在相依性，因此，同时考虑洪峰和洪量两个洪水特征之间的联合频率，对流域洪水特征的分析是一个重要的研究方向。近年来，对洪峰、洪量和洪水历时等多变量的联合分析受到关注（陈子燊和曹深西，2018；晋恬等，2018；胡尊乐等，2017；陈子燊等，2016；黄强和陈子燊，2015；冯平等，2009；方彬等，2008；Zhang and Singh，2006），其中 Copula 函数能够灵活地联结两变量或多变量的水文因子联合分布，在水文变量分析中得到广泛的应用。Nelson（2006）总结了 Copula 函数相关研究领域的主要成果。谢华和黄介生（2008）对水文频率研究中二维联合概率采用的 4 种阿基米德 Copula 函数及其综合选优做了述评。侯芸芸等（2010）、陈子燊等（2016）应用 Copula 函数探讨洪水三变量的联合概率分布和条件概率分布，验证了 Copula 函数适用于三维洪水变量中。郭生练等（2016；2008）对多变量水文分析计算中的应用与研究进展作了述评，指出对于给定的重现期，如何合理地选择联合设计值是关键问题。

目前联合频率分析多集中在对两要素的"或"和"且"联合重现期上，Salvadori 和 De Michele（2004）、陈子燊等（2016）、郭生练等（2016）表明使用 Copula 函数计算多变量"或"联合重现期和"且"联合重现期十分简便，可为风险分析提供一种非常简单而又有效的方法。但"或"联合重现期和"且"联合重现期在危险域或安全域划分上存在局限性，Salvadori 等（2013）引入了一个新的可与特定事件联合重现期相关联的分布函数——Kendall 分布函数，并定义了一个新的重现期——Kendall 联合重现期，其含义为超过阈值事件的平均到达时间（临界事件）。相比于传统重现期，Kendall 联合重现期的提出改进了多变量联合设计的可靠性（陈子燊等，2018），为处理潜在危险（破坏性）的随机事件的频率分析领域提供了新的研究途径，Corbella 和 Stretch（2012）在海岸侵蚀中进行了应用；陈子燊等（2017）在城市洪涝中基于 Kendall 联合重现期推算的不同历时暴雨组合的设计暴雨分位值，验证了 Kendall 联合重现期优于传统的重现期；范嘉炜和黄锦林（2017）、史黎翔和宋松柏（2015）在城市洪涝、无定河流域应用研究中，也验证了 Kendall 联合重现期的合理性。刘章君等（2018）在考虑了洪峰、洪量与水库调洪规则的交互作用中发现 Kendall 分布函数和 Kendall 联合重现期也存在不同程度的偏低或偏高；但是对于山区小流域山洪特点下 Kendall 联合重现期的相关研究存在不足，能否适用于山区中小流域洪水设计工程中还有待研究。因此，本节拟对华南山区三个中小流域的洪峰和洪量联合分布的实例，分析"或"联合重现期、"且"联合重现期和 Kendall 联合重现期的设计水平之间的差异，以期为多变量洪水频率分析在山区洪水中的应用提供理论参考。

5.9.1 理论与方法

1. Copula 函数

Copula 理论指出多个变量的联合分布可分解为多个不同的边缘分布，通过一个 Copula 函数构建联合分布。据此理论，设 (x, y) 为二维随机变量，$u=F_X(x), v=F_Y(y)$ 为连续的边缘分布函数，其联合分布函数为 $F(x, y)$，则有唯一的 Copula 函数 C 使得

$$F(x, y)=P(X \leqslant x, Y \leqslant y) = C[F_X(x), F_Y(y)]=C(u, v) \tag{5-31}$$

关于 Copula 函数性质的更详细描述可参阅 Salvadori 等（2007）的论述。

2. 重现期定义

1）"或"与"且"联合重现期

定义极端事件 $E_{OR}^{\vee}$ 为：$E_{OR}^{\vee} = \{Q > q \vee R > r\}$，表示两变量任一变量超过临界值。称极端事件 $E_{OR}^{\vee}$ 的"或"联合重现期（陈子燊等，2018）为

$$T_{u,v}^{OR} = \frac{\mu}{1 - C(u, v)} \tag{5-32}$$

定义极端事件 $E_{AND}^{\wedge}$ 为：$E_{AND}^{\wedge} = \{Q > q \wedge R > r\}$，表示两变量同时超过临界值，则极端事件 $E_{AND}^{\wedge}$ 的"且"联合重现期为

$$T_{u,v}^{AND} = \frac{\mu}{1 - u - v + C(u, v)} \tag{5-33}$$

式（5-32）和式（5-33）中，μ 表示两个连续事件的平均到达时间。

2）Kendall 分布函数与 Kendall 联合重现期

从"OR"和"AND"联合重现期可知，相同的累计频率均可产生相同的重现期，不会因(u, v)组合事件的不同而改变。为解决由"OR"和"AND"联合重现期存在的对安全事件与危险事件错误的识别，又将其分为亚临界（安全域）、临界（警戒事件）和超临界（危险域）三种情景（赵玲玲等，2019；Salvadori et al.，2007）。通过判定累积概率不超过某临界概率，将多维的极值事件投射为一维分布，完全区分了安全事件与危险事件在空间域的分布。黄强和陈子燊（2015）对此作了详细的图解说明。与 Copula 函数累积概率为t的(u, v)组合值相关联的 Kendall 测度 K_C 为

$$K_C(t) = t - \frac{\varphi(t)}{\varphi'(t)}, \ 0 < t \leqslant 1 \tag{5-34}$$

式中， $\phi'(t)$ 为 $\phi(t)$ 的右导数。

由 Kendall 测度确定的重现期称为 Kendall 联合重现期（T_{Ken}）：

$$T_{Ken}(x, y) = \frac{\mu}{1 - K_C(t)} \tag{5-35}$$

对于某一设定的重现期 T，可知 "OR"、"AND" 和 Kendall 联合重现期之间的不等关系为 $T_{OR} \leqslant T_{Ken} \leqslant T_{AND}$。Graler 等（2013）对二维 Copula 函数的 "OR"、"AND" 和 Kendall 联合重现期的不等关系作了解释：对于一固定的设计事件 (u, v)，其累积分布单位平方图内不同的重现期 T_{OR}、T_{Ken} 和 T_{AND} 可以用 1/ [1-面积（安全事件）] 表示。如图 5-13 所示，"OR" 联合重现期定义仅将左下角矩形中的所有事件视为安全的。Kendall 联合重现期将左上角和右下角的曲线区域与左下角的矩形区划为安全域，从而使同一设计事件 (u, v) 产生的重现期比 "OR" 联合重现期更大。"AND" 联合重现期则进一步添加在左上角和右下角的矩形中，从而得到最大的重现期。

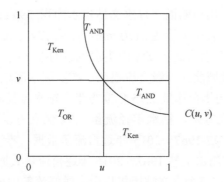

图 5-13　三种联合重现期定义的图示说明（Graler 等，2013）

3）水文特征设计值

由概率论可知，$Q \geqslant q$ 条件下 $W \geqslant w$ 的累积概率分布为

$$P(W \geqslant w | Q \geqslant q) = \frac{1 - F_W(w) - F_Q(q) + F(q, w)}{E(L) \cdot [1 - F_Q(q)]} \tag{5-36}$$

此条件概率属于超值概率，可定义为遭遇概率。分析二者的遭遇概率有助于进一步认识流域洪水事件的统计规律（Corbella and Stretch，2012），对于防洪管理决策具有重要的参考意义。

由于对某预定的重现期存在无数个满足防洪标准的多变量分位值组合，如何合理地推算联合设计值成为一个关键问题（郭生练等，2016）。有关研究指出，在重现期分位值相同情况下，必然存在一个组合值使得联合概率密度达到最大值，可利用式（5-37）和式（5-38）推算联合分布设计值（刘章君等，2018；范嘉炜和黄锦林，2017）

$$(u_m, v_m) = \underset{(u, v) \in S_p^v}{\mathrm{argmax}} f(u, v) \tag{5-37}$$

$$f(u, v) = c(u, v) f(u) f(v) \tag{5-38}$$

式中，(u_m, v_m) 为两变量联合概率密度 $f(u, v)$ 达到最大值时的组合设计值；$c(u, v)$ 为二维 Archimedean Copula 的概率密度函数；$f(u)$ 和 $f(v)$ 分别为 u 和 v 的边缘分布的概率密度函数。

5.9.2　实例分析

1. 流域概况

本节选取广东省曹江、田头水和罗坝水流域作为研究区，其中曹江流域是广东省三大暴雨中心，出口断面大拜水文站集水面积 394 km²，流域多年平均年雨量可达 2160 mm，最大年雨量达 3150 mm。赤溪水文站位于广东省乐昌市庆云镇赤溪，是珠江流域北江水系武江支流田头水流域的控制站，集水面积为 396 km²。结龙湾水文站是珠江流域北江一级支流墨江下游罗坝水流域的控制站，集水面积281 km²，流域多年平均年径流量 2.75 亿立方米，丰水年径流量 4.40 亿立方米，平水年径流量 2.56 亿立方米，枯水年径流量 1.32 亿立方米。

本节利用大拜水文站 1967～2013 年逐日流量数据、赤溪水文站 1967～2016 年逐日流量数据、结龙湾水文站 1967～2016 年逐日流量数据，依据超定量法（赵玲玲等，2019），首先设定三个水文站历年日最大洪峰流量中出现的最小值为阈值，然后按各场次洪水流量过程线提取洪峰流量并计算出该场次洪水的洪量与历时，并剔除较差线型的洪水样本。为保证不同洪水之间的独立性，各场次洪峰发生的时间间隔要求大于流域汇流时间。三个流域分别抽取了 231、169 和 264 场洪峰流量和相应洪量作为峰量联合分布的分析样本。

根据洪水流量过程线（图 5-14）提取洪峰流量 Q(m³/s)、洪水历时 D(d)和洪水总量 W

$$D = t_e - t_s \tag{5-39}$$

$$W = \left[\sum_{i=t_s}^{t_e} q_i - \frac{1}{2}(q_{t_s} + q_{t_e}) \right] - \frac{1}{2}D(q_{t_s} + q_{t_e}) \tag{5-40}$$

式中，t_s 为洪水开始时间；t_e 为洪水结束时间；q 为日流量序列。

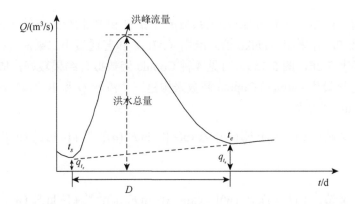

图 5-14　洪水流量过程线及相应的洪降流量、洪水历时和洪水总量

2. Copula 函数的确定

采用水文频率分析中常用的 4 种三参数概率分布：广义正态分布（GND）、广义极值（GEV）分布、广义逻辑斯谛分布（GLD）和皮尔逊三（P-III）型分布分别对洪峰流量和洪水总量样本加以拟合，参数估计使用较稳健的线性矩法（Hosking，1990）。分别对洪峰流量和洪水总量样本加以拟合。并对 4 种参数拟合结果采用均方根误差（RMSE）和概率图相关系数（PPCC）检验其拟合优度，选择最优水文频率分布函数，拟合结果见表 5-25。大拜水文站洪峰洪量序列宜选用 GND，赤溪水文站分别选用 P-III型分布和 GLO 分布，结龙湾水文站分别选用 GLO 分布和 P-III型分布。

表 5-25　三个流域洪峰和洪量的概率分布参数与拟合优度检验结果

边缘分布		大拜水文站		赤溪水文站		结龙湾水文站	
		RMSE	PPCC	RMSE	PPCC	RMSE	PPCC
$Q/(\text{m}^3/\text{s})$	GND	11.453	0.994	31.407	0.956	9.443	0.973
	GEV 分布	19.484	0.983	22.828	0.980	7.949	0.981
	GLD	23.627	0.976	20.843	0.984	7.254	0.984
	P-III型分布	11.548	0.994	45.260	0.898	12.147	0.954
$W/(10^6\text{m}^3)$	GND	2.015	0.996	2.560	0.989	3.729	0.953
	GEV 分布	3.785	0.986	2.306	0.991	4.770	0.925
	GLD	4.484	0.981	2.456	0.990	5.112	0.914
	P-III型分布	2.514	0.993	4.936	0.960	2.108	0.984

计算洪峰流量和洪水总量之间的 Kendall 相关系数，得到大拜水文站、赤溪水文站和结龙湾水文站的 Q 和 W 的 Kendall 相关系数分别为 0.79、0.80、0.76，表明洪峰流量和洪水总量之间具有较强的相关性。

采用基于秩相关的 Kendall 相关系数的计算 Q 和 W 联合分布的 4 种阿基米德 Copula 参数 θ，并采用 Akaike 信息准则（AIC）和普通最小二乘法（OLS）准则确定结果（表 5-26，图 5-15），可见 4 种 Copula 函数拟合结果较好，依据 AIC 和 OLS 结果选择最优 Gumbel Copula 函数来构建三个流域 Q 和 W 的联合分布，各站构建的 Copula 函数如下。

大拜水文站：$C[F_Q(q), F_W(w)] = \exp(-\{[-\ln F_Q(q)]^{4.703} + [-\ln F_W(w)]^{4.703}\}^{1/4.703})$

$$（5\text{-}41）$$

赤溪水文站：$C[F_Q(q), F_W(w)] = \exp(-\{[-\ln F_Q(q)]^{4.967} + [-\ln F_W(w)]^{4.967}\}^{1/4.967})$

$$（5\text{-}42）$$

结龙湾水文站：$C[F_Q(q), F_W(w)] = \exp(-\{[-\ln F_Q(q)]^{4.142} + [-\ln F_W(w)]^{4.142}\}^{1/4.142})$

$$（5\text{-}43）$$

表 5-26　四种 Copula 函数的参数及其拟合优度指标

Copula 函数	大拜水文站			赤溪水文站			结龙湾水文站		
	θ	OLS	AIC	θ	OLS	AIC	θ	OLS	AIC
Clayton	7.405	0.414	−405	7.935	0.407	−473	6.284	0.390	−316
A-M-H	0.990	0.091	−1104	0.990	0.105	−1187	0.990	0.084	−836
Gumbel	4.703	0.041	−1456	4.967	0.051	−1526	4.142	0.032	−1133
Frank	16.938	0.044	−1442	18.016	0.057	−1514	14.781	0.037	−1108

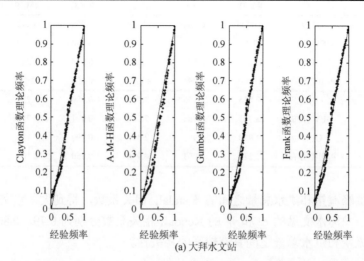

(a) 大拜水文站

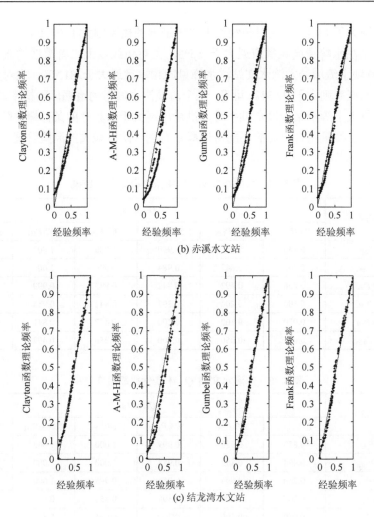

(b) 赤溪水文站

(c) 结龙湾水文站

图 5-15　峰量联合分布四种 Copula 函数拟合对比图

3. 条件概率分布

洪峰流量和洪水总量都属于洪水过程的随机变量，在最大洪峰流量 Q 和最大洪水总量 W 都属于洪水过程的随机变量，估计出 Q 和 W 之间的联合分布函数之后，就可以推求出给定某种事件发生概率的条件下的另一种事件发生的概率。分析特定设计洪峰流量条件下出现洪水总量的概率分布，由式（5-36）可以求出洪峰洪量条件概率值。

如表 5-27～表 5-29 和图 5-16 所示，三个流域洪峰流量出现概率大于等于表中概率时，洪水峰量同频率遭遇概率很大，且由于 Q 和 W 具有高相关性，还有很大可能出现洪水峰量遭遇更小频率的洪量。其中，曹江流域大拜水文站洪水峰量同频率遭遇大于 84.1%，主对角线以上二者遭遇的概率则大于 98.4%；田头水流域赤溪水文站洪水峰量同频率遭遇大于 85%，主对角线以上二者遭遇的概率则大于98.7%；罗坝水流域结龙湾水文站洪水峰量同频率遭遇大于 81.8%，主对角线以上二者遭遇的概率则大于 97.3%。可见，三个流域洪水峰量的遭遇风险概率基本接近，当洪水峰量大于等于某一设定频率时，洪量出现大于该频率的条件概率随之增大。分析多种洪水峰量组合出现的不同遭遇概率有利于防汛减灾的风险管理。

表 5-27　大拜水文站 Q-W 条件概率分布结果

$W/(10^6 \text{m}^3)$	$Q/(\text{m}^3/\text{s})$					
	$370/P_{20\%}$	$470/P_{10\%}$	$586/P_{5\%}$	$769/P_{2\%}$	$932/P_{1\%}$	$1\,119/P_{0.5\%}$
$65.8/P_{20\%}$	0.845	0.985	0.999	1.000	1.000	1.000
$87.8/P_{10\%}$	0.492	0.843	0.984	0.999	1.000	1.000
$114.0/P_{5\%}$	0.250	0.492	0.842	0.993	0.999	1.000
$156.2/P_{2\%}$	0.100	0.200	0.397	0.842	0.984	0.999
$194.6/P_{1\%}$	0.050	0.100	0.200	0.492	0.841	0.984
$239.3/P_{0.5\%}$	0.025	0.050	0.100	0.250	0.492	0.841

表 5-28　赤溪水文站 Q-W 条件概率分布结果

$W/(10^6 \text{m}^3)$	$Q/(\text{m}^3/\text{s})$					
	$273/P_{20\%}$	$369/P_{10\%}$	$503/P_{5\%}$	$768/P_{2\%}$	$1\,065/P_{1\%}$	$1\,483/P_{0.5\%}$
$45.8/P_{20\%}$	0.853	0.988	0.999	1.000	1.000	1.000
$64.8/P_{10\%}$	0.494	0.852	0.988	1.000	1.000	1.000
$91.2/P_{5\%}$	0.250	0.494	0.851	0.995	1.000	1.000
$142.7/P_{2\%}$	0.100	0.200	0.398	0.851	0.987	0.999
$199.8/P_{1\%}$	0.050	0.100	0.200	0.494	0.850	0.987
$279.5/P_{0.5\%}$	0.025	0.050	0.100	0.250	0.494	0.850

表 5-29　结龙湾水文站 Q-W 条件概率分布结果

$W/(10^6 \text{m}^3)$	$Q/(\text{m}^3/\text{s})$					
	$133/P_{20\%}$	$166/P_{10\%}$	$208/P_{5\%}$	$285/P_{2\%}$	$363/P_{1\%}$	$465/P_{0.5\%}$
$34.1/P_{20\%}$	0.824	0.976	0.997	1.000	1.000	1.000
$44.1/P_{10\%}$	0.488	0.821	0.974	0.999	1.000	1.000
$54.3/P_{5\%}$	0.249	0.487	0.819	0.987	0.999	1.000
$68.2/P_{2\%}$	0.100	0.200	0.395	0.818	0.973	0.997
$78.9/P_{1\%}$	0.050	0.100	0.200	0.487	0.818	0.973
$89.7/P_{0.5\%}$	0.025	0.050	0.100	0.249	0.487	0.818

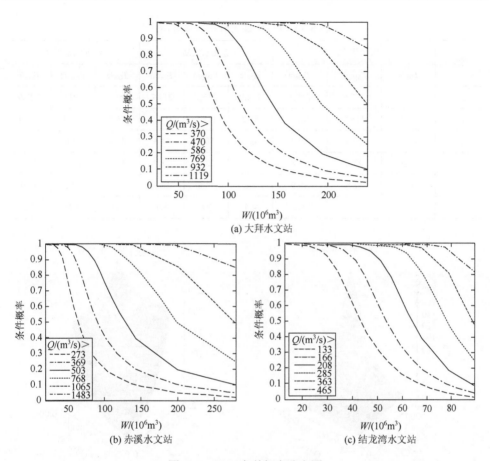

(a) 大拜水文站

(b) 赤溪水文站

(c) 结龙湾水文站

图 5-16　Q-W 条件概率分布图

4. 联合重现期

采用 Gumbel Copula 函数根据式（5-27）求洪峰 Q 和洪量 W 组合的"或"、"且"和 Kendall 联合重现期结果如表 5-30 和图 5-17 所示。从三个流域洪水峰量联合分布计算结果可看出，对于特定的设计重现期，Kendall 联合重现期都介于"或"和"且"联合重现期之间，并且大于设定重现期。"或"联合重现期最小且小于设定的重现期，"且"联合重现期最大且大于设定的重现期。"或"、"且"和 Kendall 联合重现期与特定的设计重现期之间两者的相对误差为，T_{OR}：$-0.12\% \sim -0.15\%$，T_{AND}：$0.16\% \sim 0.22\%$，T_{Ken}：$0.08\% \sim 0.11\%$。Kendall 联合重现期最为接近设定重现期，对洪水峰量之间任一要素超标致灾的重现期标准采用 Kendall 联合重现期更合理。三种联合重现期较为接近，或与三个中小流域同处华南地区，洪水事件具有相近的背景有关。对此，有待进一步探究。

表 5-30 　Q-W 联合分布的重现期

T/a	大拜水文站			赤溪水文站			结龙湾水文站		
	T_{OR}/a	T_{AND}/a	T_{Ken}/a	T_{OR}/a	T_{AND}/a	T_{Ken}/a	T_{OR}/a	T_{AND}/a	T_{Ken}/a
200	172.7	237.6	219.1	174.0	235.1	217.7	169.3	244.4	222.9
100	86.4	118.8	109.5	87.0	117.5	108.8	84.7	122.1	111.4
50	43.2	59.3	54.7	43.5	58.7	54.4	42.4	61.0	55.6
20	17.3	23.6	21.8	17.5	23.4	21.7	17.0	24.3	22.2
10	8.7	11.8	10.9	8.8	11.6	10.8	8.5	12.1	11.0
5	4.4	5.8	5.4	4.4	5.8	5.4	4.3	6.0	5.5

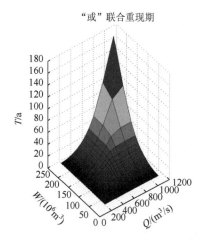

"或"联合重现期

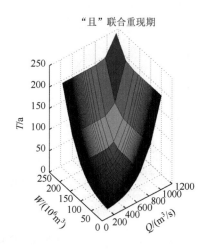

"且"联合重现期

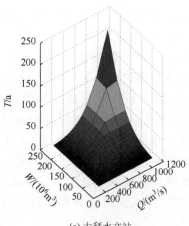

Kendall联合重现期

(a) 大拜水文站

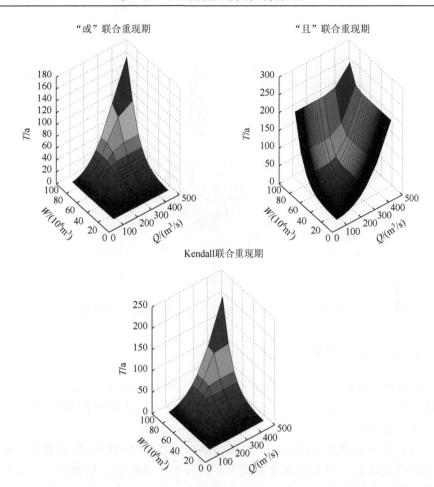

Kendall联合重现期

(b) 结龙湾水文站

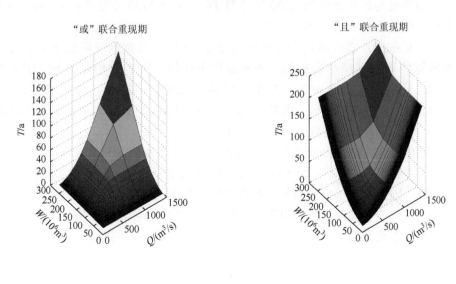

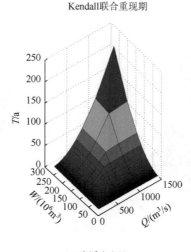

(c) 赤溪水文站

图 5-17　三个流域 *Q-W* 联合分布的三种联合重现期

5. 设计洪水分位值

按设定重现期（200 年、100 年、50 年、20 年、10 年、5 年）推算各水文站的洪峰流量和洪水总量单变量设计值，三个流域不同重现期下洪峰流量与洪水总量的设计值列于表 5-31。

（1）对于设定的重现期，三个流域的单变量设计洪峰流量和设计洪水总量及其联合设计值，以赤溪水文站最大，大拜水文站次之，结龙湾水文站最小。虽然赤溪水文站所在的田头水流域和大拜水文站所在的曹江流域集水面积大致相同，但主要与田头水流域 2006 年 7 月 14 日～15 日两天遭遇 652.5 mm 特大降雨形成的超百年一遇大洪水有关。

（2）Kendall 联合重现期推算的值小于"OR"联合重现期设计值和边缘分布推算的设计洪峰流量和设计洪水总量设计值，两者的相对误差：①大拜水文站：洪峰流量：−1.4%～−3.1%，洪量：−2.9%～−3.9%；②赤溪水文站。洪峰流量：−3.5%～−5.4%，洪量：−0.1%～−5.4%；③结龙湾水文站。洪峰流量：−3.4%～−5.9%，洪量：−1.8%～−3.9%。

上述结果表明，Kendall 联合重现期推求的设计洪水值大于洪水峰量边缘分布设计值，并介于"OR"和"AND"联合重现期设计值之间。与表 5-28 联合分布结果一致，因此 Kendall 联合重现期可以作为洪水峰量联合分布的待选方法，可以为防洪工程安全与风险管理提供更好的选择。为进一步比较分析，推算洪峰洪量同频率分布设计值（肖义等，2008）：

$$u_1 = u_2 = [1-(1/T_{u_1,u_2})]^{\alpha}; \quad Q = F^{-1}(u_1); \quad W = F^{-1}(u_2) \tag{5-44}$$

式中，$\alpha = 2^{-1/\theta}$；T_{u_1,u_2} 为 "OR" 联合重现期；$F^{-1}(u_i)$ 为边缘分布函数的反函数。

三个流域不同重现期下洪峰流量与洪水总量的设计值，如表 5-31 所示。洪水峰量联合分布的同频率分布设计值与按联合概率密度最大值推算的 "OR" 联合重现期设计值十分接近，即防洪工程安全中，洪水峰量联合分布同频率分布设计值安全性更高。

表 5-31　三个流域不同重现期下洪峰流量与洪水总量的设计值

测站	T/a	边缘分布		"或" 联合重现期		"且" 联合重现期		Kendall 联合重现期		同频率分布	
		Q/ (m³/s)	W/ (10⁶m³)	Q_{OR}/ (m³/s)	W_{OR}/ (10⁶m³)	Q_{AND}/ (m³/s)	W_{AND}/ (10⁶m³)	Q_{Ken}/ (m³/s)	W_{Ken}/ (10⁶m³)	$Q_{同频}$/ (m³/s)	$W_{同频}$/ (10⁶m³)
大拜水文站	200	1 119	239.3	1 182	247.9	1 096	228.0	1 131	236.3	1161.7	249.7
	100	932	194.6	978	203.7	924	187.3	942	196.0	969.7	203.5
	50	769	156.2	803	162.9	762	151.1	764	154.3	801.9	163.8
	20	586	114.0	613	120.0	584	107.7	586	112.9	613.3	120.1
	100	470	87.8	494	92.9	443	79.2	467	87.1	493.0	92.9
	5	370	65.8	390	70.0	346	60.3	368	65.3	389.9	70.1
赤溪水文站	200	1 483	279.5	1 561	300.9	1 339	264.2	1418	271.4	1 585.4	299.0
	100	1 065	199.8	1 120	215.2	984	193.6	1 008	197.1	1 137.5	213.8
	50	768	142.7	812	152.6	719	140.0	716	141.2	819.6	152.7
	20	503	91.2	535	97.9	482	90.7	491	91.1	535.9	97.6
	10	369	64.8	392	69.4	333	58.8	346	63.6	392.0	69.4
	5	273	45.8	289	49.1	251	41.8	256	45.2	289.2	49.1
结龙湾水文站	200	465	89.7	487	92.5	438	88.4	446	88.9	494.2	92.3
	100	363	78.9	381	81.5	345	78.1	351	78.2	385.3	81.5
	50	285	68.2	300	71.1	275	68.0	282	68.1	301.8	70.7
	20	208	54.3	220	57.0	201	51.0	203	53.5	220.4	56.8
	10	166	44.1	174	46.6	160	41.4	163	43.1	175.0	46.5
	5	133	34.1	139	36.5	128	31.4	129	33.7	139.7	36.4

5.9.3　结论

本节对比分析了广东省中小流域曹江、田头水和罗坝水流域洪峰流量与洪水总量的联合分布及其重现水平，得出以下结论。

（1）由 4 种 Copula 函数择优构成了三个流域不同的边缘分布，使用 Gumbel Copula 构建了最佳的 Q-W 联合分布。

（2）Q 和 W 的 Kendall 相关系数分别为 0.79、0.80、0.76，表明洪峰流量和洪水总量之间具有较强的相关性。

（3）作为山区暴雨洪水成因的洪水过程，三个流域洪水峰量相关性高，主对角线以上的条件概率均超过 81%，洪水峰量遭遇风险概率大且基本接近，分析多种洪水峰量组合出现的不同遭遇概率有利于防汛减灾的风险管理。

（4）相对于"OR"联合重现期，采用 Kendall 测度计算的 Kendall 联合重现期可更好地区分超临界事件的风险率。Kendall 联合重现期推算的 Q 和 W 的设计值介于"OR"联合重现期与"AND"联合重现期设计值之间，接近于边缘分布设计值。Kendall 联合重现期设计值可为防洪工程风险管理与设计提供新的选择与参考依据。

5.10　基于广义帕累托分布的洪水序列频率分析

变化环境下导致极端事件呈现增加趋势，其中洪水属于典型的灾害事件。在有限的水文观测数据中发现尽可能多的洪水的规律，提高推算洪水重现水平的精度，对防洪工程规划设计和灾害风险评估有重要作用。超限频率分析是极值统计建模理论的重要组成部分（Jenkinson，1955），国内外已有不少探索与研究。研究人员对超定量样本的频率分布线型的适用性做了较多研究，如指数分布（方彬等，2005；Van Montfort and Witter，1985）、伽马（Gamma）分布和韦布尔（Weibull）分布（Rosbjerg and Madsen，1992）。随后研究集中在广义帕累托分布（GPD）（王剑峰和宋松柏，2010；戴昌军等，2006；Clpas and Laio，2003；Van Montfort and Witter，1986）。而 GPD 应用于实际数据集的成功与否很大程度上取决于参数估计过程。Hosking 和 Wallis（1987）使用极大似然（ML）法和概率权重矩阵（PWM）估计 GPD 模型的参数；Zhang（2007）提出了基于 GPD 的参数估计似然矩法；Bermudez 和 Samuel（2010）详细介绍了在多数情况下使用的最大似然（ML）法、概率权重矩阵（PWM）和矩法（MOM）参数估计方法及其优缺点；王剑峰和宋松柏（2010）用常规线性矩法和改进线性矩法对广义帕累托分布参数进行估计，并对比分析了超定量序列频率；周长让等（2016）采用高阶概率权重矩阵估计其分布参数，统计试验表明该方法具更高的参数估计精度，估计结果对应的 GPD 曲线能较好地拟合稀遇频率洪水段的经验频率分布。但在洪水超限频率分析中如何选取阈值这一关键问题、超定量数和超定量分布的拟合优度检验等还需要更多的探索与实践（王善序，1999）。

本节以山区中小流域日流量洪水过程为例，深入探讨广义帕累托分布（GPD）

模型的阈值选择方法，洪水序列超定量数检验、拟合优度检验，最后对 GPD、GEV 分布与 P-Ⅲ型分布推算的设计水平加以对比。

5.10.1　极值分布模型

单变量极值分布模型有 2 种常用方法：一是分组区块最大值模型（block maximum group of models，BM）。首先是对所得到的数据进行分块，常用年最大值（annual maximal series，AMS）方法采用年最大值样本作为建立模型的观测值。BM 的要求数据样本独立同分布（IID）。而对洪水序列而言，常常一年内出现多次洪水样本，所以按年最大值抽样后会出现多个洪峰流量远大于枯水年份出现的最大值的现象。按年最大值抽样显然会造成洪水信息利用不充分。二是峰量超阈值（peaks over threshold，POT）模型，其选取超特定阈值样本，该方法可获取较多的洪水极值序列建立模型。POT 模型要求满足超定量发生的时间服从泊松分布，且彼此相互独立服从 GPD（戴昌军等，2006）。

1. 广义帕累托分布

设序列 $\{x_n\}$ 的分布函数为 $F(x)$，定义 $F_u(y)$ 为随机变量 X 超过阈值 u 的条件分布函数

$$F_u(y) = P(X, u \leq x \mid X > u) = \frac{F(u+y) - F(u)}{1 - F(u)} = \frac{F(x) - F(u)}{1 - F(u)} \quad (5\text{-}45)$$
$$\Rightarrow F(x) = F_u(y)[1 - F(u)] + F(u)$$

研究表明（陈海清和程维虎，2013；Bhunyaa et al.，2013；Leadbetter，1991），当阈值 u 足够大时，条件分布函数 $F_u(y)$ 收敛于广义帕累托分布，累积分布函数（CDF）为

$$F_u(y) \approx G(x, \xi, \sigma, u) = \begin{cases} 1 - \left(1 - \xi \dfrac{x-u}{\sigma}\right)^{1/\xi}, & \xi \neq 0 \\ 1 - e^{-(x-u)/\sigma}, & \xi = 0 \end{cases} \quad (5\text{-}46)$$

式中，ξ、σ、u 分别为形态参数、尺度参数、位置参数。当 $\xi = 0$ 时 GPD 对应于指数分布，为帕累托Ⅰ型分布；当 $\xi < 0$ 时，为帕累托Ⅱ型分布，$x \in [u, \infty)$；当 $\xi > 0$ 时，为帕累托Ⅲ型分布（短尾型）。有关研究证明了超定量 $(X-u)$ 数服从泊松分布（Bhunyaa et al.，2013）。

GPD 模型 T 年一遇的分位数 x_T 为

$$x_T = \begin{cases} u + \dfrac{\sigma}{\xi}[1 - (\lambda T)^{-\xi}], & \xi \neq 0 \\ u + \sigma \ln(\lambda T), & \xi = 0 \end{cases} \quad (5\text{-}47)$$

2. 超定量洪水序列阈值确定

阈值 u 的合理确定是 GPD 模型参数 ξ 和 σ 正确估计的前提。u 取值过高，超限数据量少，使估计出来的参数方差很大；相反 u 取值过低，则难以保证分布的收敛性，估计偏差较大。阈值选取基本原则：对于每次洪水过程，选取洪峰流量最大值；不同场次洪峰流量取样时，各场次洪峰发生时间间隔要求大于流域的汇流时间，以保证不同场次洪水之间相互独立。结合以下 4 种方法确定 u。

1）绘制样本的经验平均超过函数图

令 $X_{(1)} > X_{(2)} > L > X_{(n)}$，样本的经验平均超过函数（Li et al.，2005）定义为

$$e(u) = \frac{\sum_{i=k}^{n}(X_i - u)}{n - k - 1} \tag{5-48}$$

其中，$k = \min\{i \mid X_i > u\}$

绘制的平均超过函数图即为点 $[u, e(u)]$ 构成的曲线，选取较大的 u 作为阈值，使得当 $x \geq u$ 时 $e(x)$ 为近似线性函数。当 $x \geq u$ 时平均超过函数曲线向上倾斜，表明点据服从形状参数 ξ 为负的 GPD，属于帕累托 II 型分布；当 $x \geq u$ 时曲线向下倾斜，表明数据源自尾部较短的分布；当 $x \geq u$ 时曲线是水平的，表明该数据服从指数分布。因此，如果某个阈值 u 后的 e_n 趋向于新的线性变化时，可选取这个值为阈值。

2）Anderson-Darling（AD）检验

AD 检验属于平方根类经验分布函数统计检验，采用 AD 检验 GPD 模型的超定量样本的经验分布和理论累积分布的拟合优度时，AD 检验在上尾部区域赋予了更多权重。

以 F_1、F_2、K、F_n 表示各样本的累积分布函数，假设 $H_0 = F_1 = F_2 = K = F_n$。样本 x_i 的个数和理论累积分布分别用 n_i 和 F_{bi} 表示，$N = \sum n_i$ 为所有样本的个数，$H_N(x)$ 为 N 个样本的累积分布函数。k 个样本的 AD 统计量 A_{kN}^2 为

$$A_{kN}^2 = \sum_{i=1}^{k} n_i \int_{B_N} \frac{[F(x) - H_N(x)]^2}{H_N(x)[1 - H_N(x)]} \mathrm{d}H_N(x) \tag{5-49}$$

式中，$B_N = \{x \in R : H_N(x) < 1\}$；$A_{kN}^2$ 经过归一化处理得到 T_{kN}：$T_{kN} = \dfrac{A_{kN}^2 - (k-1)}{\sigma_N}$，

σ_N 为 A_{kN}^2 的标准差。若 T_{kN} 小于高斯分布在置信度 α 下的临界值 $t_{k-1}(\alpha)$，则接受假设 H_0。实际计算中通过插值外推得到 AD 统计量 A_{kN}^2 的 P_{AD}，当 $P_{AD} > \alpha$，接受假设；否则，拒绝。以逐个超定量样本的经验分布和理论累积分布为两个样本进行计算，得到统计量 T_{2N}，然后计算 P_{AD}，P_{AD} 越大表示经验分布和理论累积分布的拟合度越优。详细计算原理与步骤见文献（Bhunyaa et al.，2013）。

3）泊松分布检验

为了保证所选样本的独立性，选择一定的阈值区间，在显著水平 0.05 下，分别对阈值区间内不同阈值的超限数采用 χ^2 假设检验其是否服从泊松分布

$$P(x=k) = e^{-\lambda}\lambda^k/k!, \ k = 0, 1, 2, \cdots \tag{5-50}$$

式中，λ 为平均发生超限的频次。对服从泊松分布样本的阈值根据其他拟合优度检验指标作进一步的筛选。

4）初始阈值与洪水序列的确定

以枯水年最大洪峰流量为初始阈值，根据流域汇流时间形成阈值区间，采用不同的汇流时间间隔分别抽取不同间隔时段内不同序列的洪峰阈值，在显著水平 0.05 下，对各超定量样本做独立性检验。对确定的洪水序列样本估计分布参数值及其拟合优度检验结果。

结合以上 4 种方法，确定最终采用的超阈值洪水序列样本满足独立性，阈值 u 为优选值。

5.10.2　实例研究

1. 研究背景与基本数据

选取广东省强降水地区典型中小流域曹江流域作为研究对象。曹江是粤西独流入海鉴江的一级支流，发源于高州市马贵镇山心村海拔 1141 m 的蓝蓬岭，中上游雨量充沛，是广东省的暴雨高区之一，流域坡降大汇流时间短，洪水陡涨陡落，导致洪灾频发，对当地造成严重的生命威胁与经济损失。流域多年平均年雨量约 2160 mm，最大平均年雨量为 3150 mm。曹江流域出口断面大拜水文站集水面积为 394 km^2。

利用 1967～2013 年共 47 年大拜水文站逐日流量观测序列分析曹江流域洪水的超阈值频率分布特征。日流量序列最大值为 778 m^3/s，最小值仅为 0.46 m^3/s，日平均流量 19.4 m^3/s。大拜水文站流量序列的洪水过程统计表明，大拜水文站的洪水平均传播时间绝大多数为 1～3 d，最长历时可达 10 d（2010 年 9 月 21～30 日）。

2. 洪水阈值

采用以下步骤确定曹江流域洪峰流量阈值。

（1）在平均超过函数图（图 5-18）内流量序列在 100 m^3/s 左右存在线性变化折点，随之曲线向上倾斜，表明点据服从形状参数为负的 GPD，可考虑选取线性变化折点值为参考阈值。

（2）以枯水年（2007 年）最大洪峰流量 74 m^3/s 为初始阈值 u_0，形成阈值区间：$u_i = u_0 + (i-1) \times 10$，$i = 1, L, 15$，阈值选择范围为 74～214 m^3/s。

（3）按不同洪水序列之间相互独立的要求，根据流域汇流时间短的特点，以 3 d 为初始间隔时段，以 1 d 为步长增量逐步增加至 10 d，按照步骤（1）分别抽取不同间隔时段内不同序列的洪峰阈值，在显著水平 0.05 下，对各超定量样本的泊松分布加以 χ^2 检验（表 5-32 中原假设，$H_0 = 0$：样本服从泊松分布）；为节省版面，仅列出采用参数概率权重矩估计和极大似然估计 4 d、6 d、8 d 和 10 d 的洪水序列样本的参数估计值及其拟合优度检验结果。

（4）超限抽样系列的 AD 检验的 P 都远大于 $\alpha = 0.05$ 的临界值，超定量样本的频率分布与理论 CDF 拟合良好，表明该超限样本符合 GPD。除去不符合泊松分布的超限样本和 λ 小于 1 的超限样本后发现，在 4 种采样时间间隔的洪峰流量序列中阈值为 104 m^3/s 的超限样本的 P_{AD} 值最大，其中采样时间间隔中 8 d 的 P_{AD} 和 PPCC（概率图相关系数）最大，RMSE（均方根误差）最小。因此 104 m^3/s 可作为大拜水文站洪水序列的日流量序列的优选阈值。

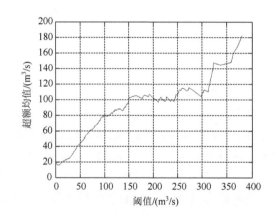

图 5-18　超限样本的经验平均超过函数图

3. GPD 参数估计与拟合优度检验结果

极值分布模型的参数估计是统计分析的关键点之一。不同的参数估计方法推算的分布参数直接影响极值重现水平。因此本节使用具有统计特性良好的概率权重矩阵（PWM）和极大似然（ML）法（Clpas and Laio，2003）估计模型的参数，对各超限样本的 GPD 重现水平的推算结果进一步采用了 PPCC 和 RMSE 作为拟合优度检验指标，主要结果如下。

（1）PPCC 均大于 0.980，表明各个超定量样本点据与理论分布的相关关系达 0.980 以上。同时 PWM 参数估计方法得到的 GPD 模型的均方误差 RMSE 小于 ML 拟合的模型误差，其中 λ 介于 2.0～3.0 估计的指标更可靠，拟合优度检验结果见表 5-32，最优的参数已突出显示。

表 5-32　GPD 模型的阈值、参数估计与拟合优度检验结果

抽样间隔	序号	阈值/(m³/s)	H_0	POT	λ	PWM					ML 法				
						ξ	σ	P_{AD}	RMSE	PPCC	ξ	σ	P_{AD}	RMSE	PPCC
10 d	1	74	0	184	3.91	−0.179	76.65	0.794	0.037	0.995	−0.211	75.93	0.799	0.045	0.993
	2	84	0	162	3.45	−0.176	78.66	0.738	0.124	0.995	−0.211	77.86	0.744	0.131	0.993
	3	94	0	134	2.85	−0.050	99.16	0.739	0.043	0.993	−0.123	94.12	0.717	0.055	0.995
	4	104	0	125	2.66	−0.114	89.95	0.799	0.028	0.994	−0.169	87.23	0.797	0.029	0.994
	5	114	0	111	2.36	−0.108	92.25	0.797	0.025	0.994	−0.169	89.22	0.788	0.026	0.993
	6	124	0	101	2.15	−0.136	89.10	0.784	0.008	0.994	−0.195	86.70	0.784	0.004	0.992
	7	134	1	93	1.98	−0.184	83.04	0.739	0.027	0.992	−0.244	81.23	0.752	0.037	0.988
	8	144	1	81	1.72	−0.154	89.57	0.723	0.110	0.992	−0.219	87.39	0.721	0.118	0.989
	9	154	1	68	1.45	−0.024	112.54	0.794	0.039	0.989	−0.127	105.36	0.772	0.024	0.991
	10	164	0	60	1.28	0.064	127.71	0.723	0.050	0.980	−0.090	114.28	0.687	0.075	0.990
	11	174	1	57	1.21	−0.007	115.09	0.770	0.029	0.986	−0.135	105.72	0.743	0.045	0.990
	12	184	1	52	1.11	−0.003	116.11	0.752	0.022	0.984	−0.141	105.85	0.723	0.039	0.989
	13	194	1	47	1.00	0.033	122.10	0.661	0.063	0.980	−0.133	108.85	0.610	0.083	0.988
	14	204	1	45	0.96	−0.057	106.69	0.704	0.064	0.986	−0.194	98.00	0.675	0.071	0.987
	15	214	1	44	0.94	−0.193	85.19	0.803	0.020	0.987	−0.313	80.60	0.798	0.029	0.980
8 d	1	74	1	195	4.15	−0.206	71.16	0.789	0.035	0.994	−0.240	70.53	0.799	0.044	0.991
	2	84	0	170	3.62	−0.202	73.58	0.721	0.131	0.994	−0.238	72.91	0.732	0.141	0.991
	3	94	0	139	2.96	−0.074	94.17	0.758	0.042	0.994	−0.139	90.08	0.741	0.050	0.995
	4	104	0	129	2.74	−0.137	85.62	0.817	0.018	0.995	−0.187	83.49	0.814	0.016	0.994
	5	114	0	113	2.40	−0.114	90.65	0.802	0.024	0.994	−0.173	87.74	0.799	0.025	0.993

续表

抽样间隔	序号	阈值/(m³/s)	H_0	POT	λ	PWM					ML 法				
						ξ	σ	P_{AD}	RMSE	PPCC	ξ	σ	P_{AD}	RMSE	PPCC
8 d	6	124	0	102	2.17	-0.130	89.38	0.777	0.022	0.994	-0.190	86.75	0.774	0.019	0.992
	7	134	1	94	2.00	-0.182	82.68	0.759	0.022	0.992	-0.243	80.85	0.763	0.031	0.988
	8	144	1	82	1.74	-0.157	88.58	0.737	0.101	0.992	-0.221	86.40	0.739	0.108	0.989
	9	154	1	69	1.47	-0.035	110.04	0.801	0.032	0.989	-0.134	103.34	0.782	0.019	0.991
	10	164	0	61	1.30	0.043	123.35	0.721	0.048	0.982	-0.101	111.36	0.690	0.071	0.990
	11	174	1	58	1.23	-0.035	110.08	0.778	0.020	0.987	-0.151	102.19	0.752	0.031	0.990
	12	184	1	52	1.11	-0.003	116.11	0.752	0.022	0.984	-0.141	105.85	0.723	0.039	0.989
	13	194	1	47	1.00	0.033	122.10	0.661	0.063	0.980	-0.133	108.85	0.610	0.083	0.988
	14	204	1	45	0.96	-0.057	106.69	0.704	0.064	0.986	-0.194	98.00	0.675	0.071	0.987
	15	214	1	44	0.94	-0.193	85.19	0.803	0.020	0.987	-0.313	80.60	0.798	0.029	0.980
6 d	1	74	0	203	4.32	-0.205	69.98	0.793	0.028	0.994	-0.238	69.32	0.798	0.036	0.992
	2	84	0	175	3.72	-0.189	74.14	0.766	0.074	0.995	-0.225	73.31	0.774	0.081	0.993
	3	94	0	144	3.06	-0.073	92.60	0.755	0.040	0.993	-0.140	88.35	0.733	0.051	0.995
	4	104	0	133	2.83	-0.130	85.06	0.811	0.020	0.995	-0.183	82.60	0.801	0.021	0.994
	5	114	0	117	2.49	-0.116	88.68	0.786	0.031	0.994	-0.177	85.60	0.775	0.033	0.994
	6	124	0	106	2.26	-0.144	85.76	0.753	0.029	0.994	-0.203	83.27	0.760	0.026	0.992
	7	134	0	98	2.09	-0.210	77.32	0.740	0.032	0.991	-0.273	75.55	0.747	0.043	0.986
	8	144	1	84	1.79	-0.168	85.95	0.742	0.092	0.992	-0.232	83.88	0.750	0.100	0.989
	9	154	1	70	1.49	-0.038	108.68	0.801	0.025	0.989	-0.137	102.04	0.788	0.012	0.992
	10	164	0	62	1.32	0.032	120.64	0.734	0.051	0.983	-0.108	109.26	0.704	0.072	0.991
	11	174	0	59	1.26	-0.050	106.85	0.785	0.024	0.988	-0.161	99.66	0.773	0.033	0.990

续表

抽样间隔	序号	阈值/(m³/s)	H_0	POT	λ	PWM					ML 法				
						ξ	σ	P_{AD}	RMSE	PPCC	ξ	σ	P_{AD}	RMSE	PPCC
6 d	12	184	0	53	1.13	-0.029	111.13	0.777	0.023	0.986	-0.157	102.32	0.747	0.036	0.989
	13	194	1	48	1.02	-0.008	114.88	0.724	0.053	0.983	-0.155	104.21	0.681	0.067	0.989
	14	204	1	45	0.96	-0.057	106.69	0.704	0.064	0.986	-0.194	98.00	0.675	0.071	0.987
	15	214	1	44	0.94	-0.193	85.19	0.803	0.020	0.987	-0.313	80.60	0.798	0.029	0.980
4 d	1	74	0	218	4.64	-0.219	66.08	0.768	0.034	0.994	-0.252	65.44	0.779	0.042	0.991
	2	84	0	185	3.94	-0.190	71.99	0.758	0.072	0.995	-0.226	71.09	0.760	0.078	0.993
	3	94	0	152	3.23	-0.077	89.59	0.735	0.041	0.993	-0.145	85.27	0.706	0.053	0.995
	4	104	0	140	2.98	-0.135	82.14	0.799	0.024	0.995	-0.189	79.60	0.795	0.026	0.994
	5	114	0	122	2.60	-0.114	86.92	0.755	0.038	0.994	-0.178	83.48	0.738	0.043	0.994
	6	124	0	111	2.36	-0.154	82.29	0.730	0.036	0.994	-0.214	79.77	0.728	0.034	0.992
	7	134	0	103	2.19	-0.233	72.35	0.733	0.025	0.991	-0.301	70.48	0.753	0.035	0.984
	8	144	1	88	1.87	-0.202	79.45	0.715	0.088	0.991	-0.268	77.54	0.716	0.098	0.987
	9	154	1	72	1.53	-0.061	103.76	0.813	0.018	0.990	-0.153	98.09	0.802	0.009	0.992
	10	164	1	64	1.36	-0.011	112.44	0.791	0.036	0.986	-0.132	103.62	0.752	0.051	0.991
	11	174	1	60	1.28	-0.067	103.48	0.795	0.026	0.989	-0.173	97.01	0.779	0.033	0.990
	12	184	1	54	1.15	-0.057	106.09	0.788	0.016	0.988	-0.174	98.67	0.772	0.025	0.989
	13	194	1	48	1.02	-0.008	114.88	0.724	0.053	0.983	-0.155	104.21	0.681	0.067	0.989
	14	204	1	45	0.96	-0.057	106.69	0.704	0.064	0.986	-0.194	98.00	0.675	0.071	0.987
	15	214	1	44	0.94	-0.193	85.19	0.803	0.020	0.987	-0.313	80.60	0.798	0.029	0.980

（2）模型的形态参数为负值，表明曹江洪水序列服从帕累托Ⅱ型分布。

上述结果显示，GPD 模型确定超定量洪水是根据多个指标综合分析确定的动态过程。综合上述结果，确定以 8 d 为时间间隔，阈值取 104 m³/s，采用 PWM 参数估计方法拟合的 GPD 模型，$G(x, \xi, \sigma, u) = 1 - \left(1 + 0.137 \times \dfrac{x - 104}{85.6}\right)^{-1/0.137}$ 为最优超定量洪水的 GPD 模型。

4. 不同概率分布模型对比分析

对比 GPD 和 GEV 分布及 P-Ⅲ型分布推算参数的分布函数拟合指标值，P-Ⅲ型分布参数估计使用常规矩法（OME）和线性矩（L-M）法。三种模型最优模型参数和拟合优度检验指标见表 5-33，各分布模型推算的洪水重现水平见表 5-34 和图 5-19～图 5-21。

表 5-33　最优 GPD、GEV 分布、P-Ⅲ型分布参数与拟合优度检验指标对比

模型	ξ	σ	μ	RMSE	PPCC
PWM-GPD	−0.137	85.62	104	0.018	0.995
PWM-GEV	0.134	100	197	0.061	0.991
L-M-P-Ⅲ	1.645	0.008	74.356	0.068	0.991
ML-GPD	−0.187	83.49	104	0.016	0.994
ML-GEV	0.163	97	197	0.067	0.992
OME-P-Ⅲ	1.977	0.009	57.608	0.062	0.991

表 5-34　三种概率分布函数洪水重现水平　　　　（单位：m³/s）

T/a	GPD		GEV 分布		P-Ⅲ型分布	
	PWM	ML 法	PWM	ML 法	L-M 法	OME
200	961	1 110	971	1 010	875	852
100	827	934	836	860	785	767
50	705	778	712	724	693	681
20	561	602	563	567	570	564
10	463	487	461	460	474	473
5	374	386	364	361	375	377
2	268	271	235	234	232	236

三种概率分布的拟合优度检验指标对比显示，超限抽样在满足超限数服从泊松分布，在超限数彼此相互独立条件下构建的 GPD 模型，λ 介于 2.0～3.0 构建的

GPD 模型精度优于 GEV 分布模型和 P-Ⅲ型分布模型（图 5-19～图 5-21），图 5-19
显示，大拜水文站超定量洪水频率曲线图上的样本点与理论曲线非常吻合，尤以
PWM 参数估计推算的 GPD 模型最佳。以 8 d 为抽样间隔的拟合优度检验指标为
例，阈值在 74～124 m³/s 范围内，采用 PWM 参数估计方法拟合的 GPD 模型 PPCC
大于等于 0.994，以阈值为 104 m³/s 对应的 P_{AD} 和 PPCC 最大，RMSE 也明显小于
P-Ⅲ型分布和 GEV 分布。

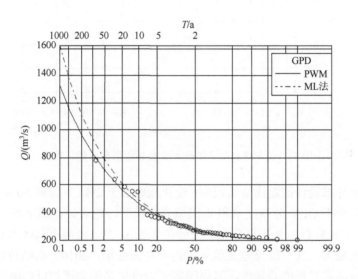

图 5-19　大拜水文站超定量洪水频率曲线

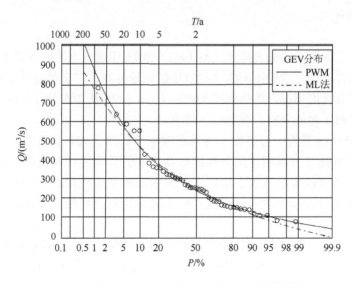

图 5-20　大拜水文站年最大洪水 GEV 分布频率曲线

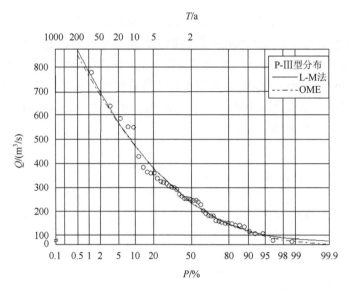

图 5-21　大拜水文站年最大洪水 P-III 型分布频率曲线

　　同频率分布设计值对比结果表明，设计频率小于 2%（重现期 50 年）时，GPD 模型设计值小于 GEV 分布模型和 P-III 型分布模型，随着设计频率增大，GPD 设计值超过 GEV 分布和 P-III 型分布的设计值（表 5-32）。表明由 BM 推算的洪水年设计值可能偏大，这一结果与文献（王剑峰和宋松柏，2010）的结论相反，反映了自然流域洪水过程的差异性，其原因需要通过更多的实证加以归纳说明。

5.10.3　结论

　　基于广东省曹江流域大拜水文站 1967～2013 年逐日流量的观测序列数据，采用不同的抽样方法，检验不同洪水超定量的泊松分布、广义极值分布和超定量样本分布的拟合优度指标。将择优的 GPD、GEV 分布和 P-III 型分布模型推算的洪水重现水平做了对比分析。获得以下结论。

　　（1）GPD 模型的形态参数表明洪水频率分布属于帕累托 II 型，与帕累托 III 型不同，帕累托 II 型表明密度分布函数峰值右侧分布曲线与横坐标之间的渐进性无切点，难以确定洪水的上限值。此是否反映了山地流域不同时段不同区域土壤含水量差异大和洪水的产汇流过程不确定性的自然属性，还有待更多的实例研究。

　　（2）确定超定量洪水 GPD 模型是动态择优过程，对多个满足 GPD 模型要求的阈值，需要通过超定量数的泊松分布检验和超限样本的拟合优度等综合评判后构建相对最优 GPD 模型。

（3）GPD 模型推算的设计洪水精度普遍优于 GEV 分布和 P-Ⅲ型分布的推算成果。

（4）不同参数估计方法对于极值分布模型参数推算精度有较大影响。POT 样本由 PWM 估计参数的极值分布模型精度高于 ML 法推算的结果。

5.11　本 章 小 结

广东省综合单位线法在曹江流域和田水头流域应用效果较好，但是推理公式法结果均偏大，且频率越高，相对误差越大。在罗坝水流域，广东省综合单位线法和推理公式法较实测结果均偏大，并且相对误差高达 76%～198%，表明两种方法已不适用于罗坝水流域的设计洪水。广东省综合单位线法在流域面积为 400 km^2 左右有较好地应用，但是推理公式法计算结果偏大；在小于 300 km^2 的流域面积推理公式法和广东省综合单位线法计算成果均偏大，且设计频率越小，相对误差越小。

对比分析了广东省中小流域曹江、田头水和罗坝水流域洪峰流量和洪水总量的联合分布及其重现水平，由 4 种函数择优构成了三个流域不同的洪水峰量边缘分布，使用 Gumbel Copula 函数构建了最佳的 Q-W 联合分布；Q 和 W 的 Kendall 相关系数分别为 0.79、0.80、0.76，表明洪峰流量和洪水总量之间具有较强的相关性；作为山区暴雨洪水成因的洪水过程，三个流域洪水峰量相关性高，主对角线以上的条件概率均超过 81%，洪水峰量遭遇风险概率大且基本接近，分析多种洪水峰量组合出现的不同遭遇概率有利于防汛减灾的风险管理；相对于"OR"联合重现期，采用 Kendall 测度计算的 Kendall 联合重现期可更好地区分超临界事件的风险率；Kendall 联合重现期推算的洪峰流量和洪水总量设计值介于"OR"联合重现期与"AND"联合重现期设计值之间，接近于边缘分布设计值；Kendall 联合重现期设计值可为防洪工程风险管理与设计提供新的选择与参考依据。

基于广义帕累托分布的曹江流域大拜水文站 1967～2013 年日流量洪水序列频率分析表明，大拜水文站洪水序列 GPD 模型属于重尾分布；洪水 GPD 阈值的选择可以参考经验平均超过函数图，而最佳阈值应采用多种指标综合确定；三种概率分布的拟合优度检验结果显示，构建的大拜水文站洪水 GPD 模型精度与 GEV 分布模型和 P-Ⅲ型分布模型相比较高；GPD 的参数估计方法对洪水重现水平的计算结果有较大影响。

参 考 文 献

陈海清，程维虎，2013. 广义 Pareto 分布参数的最小二乘估计[J]. 应用概率统计，29（2）：121-135.

陈元芳，李兴凯，陈民，等，2008. 可考虑历史洪水信息的广义极值分布线性矩法的研究[J]. 水文，3：8-13.

陈子燊，曹深西，2018. 洪峰流量与水位不同遭遇条件下的防洪设计[J]. 中山大学学报（自然科学版），57（4）：
　　92-98.

陈子燊，高时友，李鸿皓，2017. 基于二次重现期的城市两级排涝标准衔接的设计暴雨[J]. 水科学进展，28（3）：
　　382-389.

陈子燊，黄强，刘曾美，2016. 基于非对称 Archimedean Copula 的三变量洪水风险评估[J]. 水科学进展，27（5）：
　　763-771.

陈子燊，刘占明，赵青，2018. 洪水峰量联合分布的 4 种重现水平对比[J]. 中山大学学报（自然科学版），57（1）：
　　130-135.

陈子燊，刘曾美，路剑飞，等，2011. 基于广义极值分布的设计波高推算[J]. 热带海洋学报，30（3）：24-29.

陈子燊，刘曾美，路剑飞，2013. 基于广义 Pareto 分布的洪水频率分析[J]. 水力发电学报，32（2）：68-73.

戴昌军，梁忠民，栾承梅，等，2006. 洪水频率分析中 PDS 模型研究进展[J]. 水科学进展，17（1）：136-140.

丁晶，侯玉，1988. 随机模型估算分期设计洪水的初探[J]. 成都科技大学学报，5：93-98.

范嘉炜，黄锦林，2017. 基于 Kendall 重现期的降雨潮位风险分析[J]. 水电能源科学，35（5）：21-24.

方彬，郭生练，柴晓玲，等，2005. FPOT 方法在洪水频率分析中的应用研究[J]. 水力发电，31（2）：9-12.

方彬，郭生练，肖义，等，2008. 年最大洪水两变量联合分布研究[J]. 水科学进展，19（4）：505-511.

方崇惠，雒文生，2005. 分形理论在洪水分期研究中的应用[J]. 水利水电科技进展，6：9-13.

冯平，毛慧慧，王勇，2009. 多变量情况下的水文频率分析方法及其应用[J]. 水利学报，40（1）：33-37.

郭生练，刘章君，熊立华，2016. 设计洪水计算方法研究进展与评价[J]. 水利学报，47（3）：302-314.

郭生练，闫宝伟，肖义，等，2008. Copula 函数在多变量水文分析计算中的应用及研究进展[J]. 水文，28（3）：1-7.

侯芸芸，宋松柏，赵丽娜，等，2010. 基于 Copula 函数的 3 变量洪水频率研究[J]. 西北农林科技大学学报（自然
　　科学版），38（2）：219-228.

胡尊乐，张悦，李丹，等，2017. 基于不同分布曲线的常州市暴雨组合概率[J]. 水利水电科技进展，37（2）：
　　68-72，94.

黄强，陈子燊，2015. 基于二次重现期的多变量洪水风险评估[J]. 湖泊科学，27（2）：352-360.

晋恬，闻昕，方国华，等，2018. 不同重现期标准双变量设计洪水计算方法[J]. 水利水电科技进展，38（4）：7-13.

刘丹丹，吴现兵，程伍群，等，2014. 白洋淀流域降水特性分析[J]. 南水北调与水利科技，5：113-117.

刘章君，郭生练，许新发，等，2018. 两变量洪水结构荷载重现期与联合设计值研究[J]. 水利学报，49（8）：956-965.

祁晓凡，李文鹏，李海涛，等，2015. 济南岩溶泉域地下水位、降水、气温与大尺度气象模式的遥相关[J]. 水文地
　　质工程地质，42（6）：18-28.

冉啟香，张翔，2010. 多变量水文联合分布方法及 Copula 函数的应用研究[J]. 水电能源科学，28（9）：8-11.

石月珍，李淼，郑仰奇，2010. 基于分形理论的湘江流域洪水分期研究[J]. 水土保持通报，30（5）：165-167.

史黎翔，宋松柏，2015. 基于 Copula 函数的两变量洪水重现期与设计值计算研究[J]. 水力发电学报，34（10）：27-34.

水利部水文局，长江水利委员会水文局，2010. 水文情报预报技术手册[M]. 北京：中国水利水电出版社.

苏乃友，2012. 年径流变差系数 CVR 经验公式及其参数的地理综合[J]. 南水北调与水利科技，10（2）：107-109.

孙博翔，2004. 分形维数（Fractal dimension）及其测量方法[J]. 东北林业大学学报，3：116-119.

孙桂丽，陈亚宁，李卫红，等，2012. 新疆极端水文事件的时空分布特征[J]. 自然灾害学报，21（3）：119-125.

王剑峰，宋松柏，2010. 广义 Pareto 分布在超定量洪水序列频率分析中的应用[J]. 西北农林科技大学学报（自然科
　　学版），38（2）：191-196.

王景才，徐蛟，蒋陈娟，等，2017. 1960～2014 年淮河上中游流域年降水和主汛期降水的时空分布特征[J]. 南水北
　　调与水利科技，15（6）：51-58.

王蕊，王盘兴，吴洪宝，等，2009. 小波功率谱 Monte Carlo 显著性检验的一个简易方案[J]. 大气科学学报，32（1）：

140-144.

王善序，1999. 洪水超定量系列频率分析[J]. 人民长江，30（8）：23-25.

王扬雷，杜莉，2015. 我国碳金融交易市场的有效性研究：基于北京碳交易市场的分形理论分析[J]. 管理世界，12：174-175.

王兆礼，陈晓宏，杨涛，2010. 近 50a 东江流域径流变化及影响因素分析[J]. 自然资源学报（8）：1365-1374.

王中雅，闻余华，董家根，2015. 基于分形理论的太湖洪水分期研究[J]. 中国农村水利水电，2：118-122.

肖义，郭生练，刘攀，等，2008. 分期设计洪水频率与防洪标准关系研究[J]. 水科学进展，19（1）：54-60.

谢华，黄介生，2008. 两变量水文频率分布模型研究述评[J]. 水科学进展，19（3）：443-452.

杨涛，陈喜，杨红卫，等，2009. 基于线性矩法的珠江三角洲区域洪水频率分析[J]. 河海大学学报（自然科学版），37（6）：615-619.

叶长青，陈晓宏，张家鸣，等，2012. 变化环境下北江流域水文极值演变特征、成因及影响[J]. 自然资源学报，27（12）：2102-2112.

于琦，赵玲玲，熊晨晓，等，2016. 曹江中上游流域水文要素的气候变化特征[J]. 人民珠江，37（12）：1-7.

余丹丹，张韧，洪梅，等，2007. 基于交叉小波与小波相干的西太平洋副高与东亚夏季风系统的关联性分析[J]. 南京气象学院学报，30（6）：755-769.

张静怡，徐小明，2002. 极值分布和 P-III 型分布线性矩法在区域洪水频率分析中的检验[J]. 水文，6：36-38.

赵玲玲，陈子燊，刘昌明，等，2019. 基于广义 Pareto 分布的洪水序列频率分析[J]. 中山大学学报（自然科学版），58（3）：32-39.

赵玲玲，杨兴，刘丽红，等，2019. 华南强降水地区洪水频率分布参数估计方法及应用[J]. 水电能源科学，37（5）：23-25，44.

赵亚锋，2014. 基于延时相关性的我国降水对 ENSO 事件响应分析[D]. 兰州：兰州交通大学.

郑国强，张洪江，刘涛，等，2009. 基于 Bayes 判别分析法的密云县山洪泥石流预报模型[J]. 水土保持通报，29（1）：83-87，107.

钟逸轩，林凯荣，李俊，2014. 北江乐昌峡水库流域汛期分期研究[J]. 水资源研究，4：351-359.

周长让，陈元芳，顾圣华，等，2016. 高阶概率权重矩法在广义 Pareto 分布参数估计中的应用[J]. 水力发电学报，35（6）：30-38.

朱华，姬翠翠，2011. 分形理论及其应用[M]. 北京：科学出版社.

Bermudez P D Z，Samuel K，2010. Parameter estimation of the generalized Pareto distribution-Part II[J]. Journal of Statistical Planning & Inference，140（6）：1374-1388.

Bhunyaa P K，Berndtsson R，Jain S K，et al.，2013. Flood analysis using negative binomial and generalized Pareto models in partial duration series（PDS）[J]. Journal of Hydrology，497（7）：121-132.

Clpas P，Laio F，2003. Can continuous streamflow data support flood frequency analysis？An alternative to the partial duration series approach[J]. Water Resources Research，39（8）：375-384.

Corbella S，Stretch D D，2012. Multivariate return periods of sea storms for coastal erosion risk assessment[J]. Nature Hazards Earth System Science，12（8）：2699-2708.

Fisher R A，Tippett L H，1928. Limiting forms of the frequency distribution of the largest or smallest member of a sample[C]//Mathematical Proceedings of the Cambridge Philosophical Society，24（2）：180-190.

Graler B，Verhoest N，Grimaldi S，2013. Multivariate return periods in hydrology：A critical and practical review focusing on synthetic design hydrograph estimation[J]. Hydrology and Earth System Sciences，17：1281-1296.

Gupta V，Waymire E，Wang C T，1980. A representation of an IUH from geomorphology[J]. Water Resources Research，16：862-885.

Hosking J R M, 1990. L-Moments: Analysis and estimation of distributions using linear combinations of order statistics[J]. Journal of the Royal Statistical Society Series B (Methodological), 52 (1): 105-124.

Hosking J R M, Wallis J R, 1987. Parameter and quantile estimation for the generalized Pareto distribution[J]. Technometrics, 29: 339-349.

Jenkinson A F, 1955. The frequency distribution of the annual maximum (or minimum) values of meteorological elements[J]. Quarterly Journal of the Royal Meteorological Society, 81 (348): 158-171.

Leadbetter M R, 1991. On a basis for peaks over threshold modeling[J]. Statistics and Probability Letters, 12(4): 357-362.

Li Y, Cai W, Campbell E P, 2005. Statistical modelling of extreme rainfall in southwest Western Australia[J]. Journal of Climate, 18 (6): 852-863.

Mandelbrot B B, 1977. Fractal: Form, chance and dimension[M]. San Francisco: Freeman.

Mandelbrot B B, 1982. The fractal geometry of nature[M]. San Francisco: Freeman.

Mann H B, 1945. Nonparametric tests against trend[J]. Econometrica, 13 (3), 245-259.

Nelsen R B, 2006. An Introduction to Copulas (Springer Series in Statistics) [M]. New York: Springer.

Rodriguez R L, West R W, Heyneker H L, et al., 1979. Characterizing wild-type and mutant promoters of the tetracycline resistance gene in pBR313[J]. Nucleic Acids Research, 6 (10): 3267-3288.

Rosbjerg D, Madsen H, 1992. Prediction in partial duration series with generalized Pareto distribution exceedances[J]. Water Resources Research, 28 (11): 3001-3010.

Salvadori G, De Michele C, 2004. Frequency analysis via copulas: Theoretical aspects and applications to hydrological events[J]. Water Resources Research, 40 (12): 229-244.

Salvadori G, De Michele C, Perreault I, et al., 2007. Extremes in nature: An approach using copulas[M]. Dordrecht: Springer.

Salvadori G, De Micheled C, Durante F, 2011. On the return period and design in a multivariate framework[J]. Hydrology and Earth System Sciences, 15: 3293-3305.

Salvadori G, Tomasicchio G, D'Alessandro F, 2013. Multivariate approach to design coastal and off-shore structures[J]. Journal of Coastal Research, 65: 386-391.

Shen C, Wang W C, Hao Z, et al., 2008. Characteristics of anomalous precipitation events over eastern China during the past five centuries[J]. Climate Dynamics, 31 (4): 463-476.

Van Montfort M A J, Witter J V, 1985. Testing exponentiality against generalized Pareto distribution[J]. Journal of Hydrology, 78: 305-315.

Van Montfort M A J, Witter J V, 1986. The generalized Pareto distribution applied to rainfall depths[J]. Hydrological Sciences Journal, 31: 151-162.

Volpi E, Fiori A, 2012. Design event selection in bivariate hydrological frequency analysis[J]. Hydrological Sciences Journal, 57 (8): 1506-1515.

Zhang J, 2007. Likelihood moment estimation for the generalized Pareto distribution[J]. Australian & New Zealand Journal of Statistics, 49 (1): 69-77.

Zhang L, Singh V P, 2006. Bivariate flood frequency analysis using the copula method[J]. Journal of Hydrologic Engineering, 11 (2): 150-164.

第6章 中小流域设计暴雨洪水同频率假定理论及应用

6.1 设计暴雨洪水同频率假定理论

"暴雨洪水同频率"既是水文学的科学问题，同时又是关系工程和经济社会安全的现实问题。现有的暴雨洪水同频率假定研究中，均针对特定流域的暴雨洪水事件的概率分布开展研究，而未研究暴雨洪水同频率假定的合理性。且前述研究采用数据序列较短，随着近年暴雨洪水记录的不断刷新，基于长序列场次洪水资料，运用概率联合分布理论开展暴雨洪水同频率假定研究十分必要。

Salvadori 和 De Michele（2004）利用 Copula 函数研究了多变量水文事件的"或"联合重现期和"且"联合重现期。基于 Copula 函数总结了非独立的多变量水文事件联合重现期的普遍理论框架。相关研究证明使用 Copula 函数计算十分简便（戴全厚等，2005；刘苏峡等 2005；谈戈等，2004），为风险分析提供了一种非常简单又有效的方法。针对首次重现期在危险域或安全域划分上存在的问题，Zhang 和 Singh（2006）引入了一个新的可与特定事件联合重现期相关联的分布函数——Kendall 分布函数，可以视其为首次重现期超过阈值事件的平均到达时间（临界事件），定义了亚临界事件、临界事件和超临界事件以及二次重现期（secondary return periods）的含义（Salvadori and De Michele，2004），为处理潜在危险（破坏性）的随机事件的频率分析领域提供了新成果（陈子燊等，2016；Vandenberghe et al.，2011；Zhang and Singh，2006）。

华南地区的台风暴雨过程导致山区中小河流山洪灾害频发，造成严重的社会经济损失。而广大中小流域多属于无资料流域，缺少径流观测数据。因此，设计洪水常通过设计暴雨推求，计算过程均建立在"暴雨洪水同频率"这一假定基础上，该假定是当前水利水电工程设计规范中暴雨洪水计算的前提。所以，"暴雨洪水同频率"假定的合理与否直接关系到防洪安全。在设计洪水中，暴雨和洪水是否具有同频率的特性，一直是水文界十分关注的问题。

6.2 实测暴雨洪水同频率假定检验

选择华南暴雨中心范围典型的中小流域曹江流域作为研究对象，并就暴雨洪水同频率假定的问题挑选 89 场降雨过程，分别用推理公式法、广东省综合单位线法推求洪峰流量及洪水过程线，并且挑选 9 场线型较好的洪水，通过计算得到的洪峰流量样本和实测降雨数据推求各自对应的设计频率，来检验暴雨洪水同频率的假定。

表 6-1 是曹江流域不同方法计算洪峰流量与实测暴雨设计频率的对比，可以看到推理公式法、广东省综合单位线法和实测洪峰流量设计频率虽然大小不一致，但不同场次之间的比较具有一致性。例如，场次 800628 与 870604，推理公式法（P_1）、广东省综合单位线法（P_3）和实测流量（P_2）设计频率值均为场次 800628 大于场次 870604。但是比较两个场次实测暴雨设计频率值（P_4）大小却相反。9 场洪水中，实测暴雨设计频率与推理公式法设计频率分别相差 -32.86%～488.94%，与实测流量设计频率相差 -73.41%～170.02%，与广东省综合单位线法相差 -69.24%～726.04%。可以表明通过实测暴雨用不同的方法推求出来洪水的设计频率与实测暴雨的设计频率之间，不具有一致性，两者之间比较大小具有随机性，难以分析两者之间是否存在单相的统计规律。

总体来说，实测暴雨与实测流量推算的设计频率之间较为相近，但大部分洪水设计频率之间存在较大误差，而用实测暴雨推算洪水设计频率与实测暴雨设计频率之间误差较大，且无明显的单一的规律，因此曹江实测暴雨推算洪水与实测暴雨之间并非同频率。

表 6-1　不同方法计算洪峰流量与实测暴雨设计频率对比　　　（单位：%）

场次	P_1	P_2	P_3	P_4	$(P_1-P_4)/P_4$	$(P_2-P_4)/P_4$	$(P_3-P_4)/P_4$
670803	13.31	9.53	9.3	4.62	188.10	106.28	101.30
730812	35.49	31.23	14.88	25.65	38.36	21.75	-41.99
800628	81.45	47.83	54.4	59.44	37.03	-19.53	-8.48
870604	45.53	18.03	20.86	67.81	-32.86	-73.41	-69.24
970808	23.95	10.71	27.09	35.35	-32.25	-69.70	-23.37
010707	24.48	14.94	35.01	35	-30.06	-57.31	0.03
080606	34.16	25.73	33.03	27.33	24.99	-5.85	20.86
100628	88.98	83.3	75.7	68.32	30.24	21.93	10.80
110930	23.97	10.99	33.62	4.07	488.94	170.02	726.04

注：P_1 为推理公式推流量设计频率；P_2 为实测洪水流量设计频率；P_3 为综合单位线推算流量设计频率；P_4 为实测暴雨设计频率。

6.3　暴雨洪水频率计算方法

根据曹江 1967～2013 年大拜水文站以上曹江流域中 6 个雨量站（水文站）的

水文摘录数据，提取 6 个雨量站暴雨数据和相应场次的洪峰流量，首先按泰森多边形法计算流域面雨量，进而选取大拜水文站的 111 场洪水的洪峰流量 $Q(\mathrm{m}^3/\mathrm{s})$ 和相应流域面雨量 $R(\mathrm{mm})$ 作为分析样本。

采用皮尔逊三（P-Ⅲ）型分布、广义极值（GEV）分布、广义正态分布（GND）、广义逻辑斯谛分布（GLD）分别拟合洪峰流量和流域面雨量样本。经验频率分布使用 Gringorten 公式计算，参数估计使用线性矩法，拟合优度采用均方根误差（RMSE）和概率图相关系数（PPCC）加以检验优选边缘分布函数（陈子燊等，2015）。

6.3.1　Copula 函数与联合重现期

分别定义随机变量洪峰流量（Q）和流域面雨量（R）边缘分布的重现期 T_Q、T_R 为

$$T_Q = \frac{E(L)}{1-F_Q(q)}; \quad T_R = \frac{E(L)}{1-F_R(r)} \tag{6-1}$$

式中，$E(L)$ 为历次洪水时间间隔的期望值。

根据 Sklar 定理（万小强，2016），若 $F(\cdot)$ 是一个二维随机变量 (Q, R) 的累积分布函数，其边缘分布函数是连续函数 $u=F_Q(q), v=F_R(r)$，则有唯一的 Copula 函数 C 使得

$$F(q,r)=P(Q \leqslant q, R \leqslant r)=C[F_Q(q), F_R(r)]=C(u, v) \tag{6-2}$$

采用算符"$\vee$"定义极端事件 $E_{QR}^{\vee}$：$E_{QR}^{\vee} = \{Q > q \vee R > r\}$，表示两变量任一变量超过临界值。则极端事件 $E_{QR}^{\vee}$ 的"或"联合重现期（Hrachowitz et al., 2013）为

$$T_{\mathrm{OR}}(q, r) = \frac{E(L)}{1-C[F_Q(q), F_R(r)]} \tag{6-3}$$

以"$\wedge$"定义极端事件 $E_{QR}^{\wedge}$：$E_{QR}^{\wedge} = \{Q > q \wedge R > r\}$，表示两变量同时超过临界值，则极端事件 $E_{QR}^{\wedge}$ 的"且"联合重现期为

$$T_{\mathrm{AND}} = \frac{E(L)}{1-F_Q(q)-F_R(r)+C[F_Q(q), F_R(r)]} \tag{6-4}$$

6.3.2　Kendall 分布函数与联合重现期

由于首次重现期不同的 (u, v) 组合只要其累积概率相同都可产生相同的重现

期，因此存在着安全域或危险域的误判情况。为此，Salvadori 和 De Michele（2004）利用 Nelsen（2006）定义的与首次重现期相关联的 Kendall 分布函数，将二维的极值事件投射为一维分布，划分出了研究域内的亚临界（安全域）、临界（警戒事件）和超临界（危险域）三种情景。通过求 Copula 函数累积概率小于或等于某临界概率 t 的 (u, v) 组合值，Kendall 测度 K_C 可表达为

$$K_C(t) = t - \frac{\phi(t)}{\phi'(t)}, 0 < t \leqslant 1 \qquad (6\text{-}5)$$

式中，$\phi'(t)$ 为 $\phi(t)$ 的右导数。称此重现期为 Kendall 联合重现期

$$T_{\text{Ken}}(x, y) = \frac{E(L)}{1 - K_C(t)} \qquad (6\text{-}6)$$

6.3.3　联合分布设计值

对于给定的重现期，单变量频率分析通常可通过概率分布的反函数直接推算对应的设计值。对于多变量的随机极端水文事件，由于不存在联合分布的反函数的显式而无法直接推算。因此，如何根据一定的准则推算多变量联合分布的设计值成为防洪工程应用中的一个关键问题。本节按有关研究提出的公式推算联合分布设计值（Volpi and Fiori，2012；Salvadori et al.，2011）

$$(u_m, v_m) = \underset{(u,v) \in S_p^v}{\text{argmax}} f(u, v) \qquad (6\text{-}7)$$

$$f(u, v) = c(u, v) f(u) f(v) \qquad (6\text{-}8)$$

式中，(u_m, v_m) 为两变量联合概率密度 $f(u,v)$ 达到最大值时的组合设计值；$c(u,v)$ 为二维 Archimedean Copula 函数的概率密度函数；$f(u)$ 和 $f(v)$ 分别为洪峰流量与流域面雨量的概率密度函数。

6.4　设计暴雨洪水联合分布结果分析

6.4.1　边缘分布

选用广义正态分布（GND）、广义极值（GEV）分布、广义逻辑斯谛分布（GLD）和皮尔逊三（P-Ⅲ）型分布对 111 场洪水洪峰流量（Q）与相应流域面雨量（R）最大暴雨量概率分布加以分析。拟合的概率分布参数与优度检验结果见表 6-2，综

合比较拟合优度检验结果表明，P-III型分布和 GLD 分别适用于面雨量和洪峰流量，二者的概率分布图见图 6-1。

表 6-2　边缘分布参数与拟合优度检验结果

概率分布	$Q/(m^3/s)$					R/mm				
	形态参数	尺度参数	位置参数	RMSE	PPCC	形态参数	尺度参数	位置参数	RMSE	PPCC
GND	465.282	194.992	−0.905	92.252	0.967	143.708	83.389	−0.421	8.146	0.996
GEV 分布	416.916	140.463	−0.359	82.494	0.974	118.197	69.511	−0.052	9.107	0.995
GLD	475.635	113.327	−0.423	79.491	0.979	145.433	47.270	−0.204	14.839	0.988
P-III型分布	314.319	0.614	0.002	114	0.949	9.152	2.640	0.017	6.693	0.997

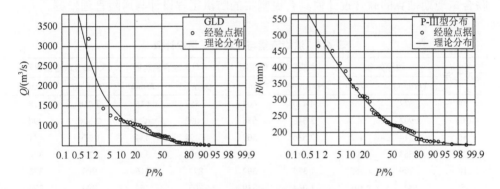

图 6-1　洪峰流量和流域面雨量的概率分布

6.4.2　联合分布

采用相关性指标法计算洪峰流量和流域面雨量联合分布的 4 种 Archimedean Copula 函数：Gumbel-Hougaard（G-H）Copula、Frank Copula、A-M-H Copula 和 Clayton Copula 参数 θ 的估计值，相应的 AIC 和 OLS 拟合优度检验结果见表 6-3。

表 6-3　4 种 Copula 函数参数估计及拟合优度检验结果

Copula 函数名称	θ	OLS	AIC
Clayton	1.268	0.423	−189
A-M-H	0.990	0.033	−762
G-H	1.634	0.023	−841
Frank	4.000	0.024	−825

以相对最优的 G-H Copula 函数构建洪峰流量和流域面雨量的联合分布模式

$$C\left[F_Q(q), F_R(r)\right] = \exp\left(-\left\{\left[-\ln F_Q(q)\right]^{1.634} + \left[-\ln F_R(r)\right]^{1.634}\right\}^{1/1.634}\right) \quad (6\text{-}9)$$

6.4.3　雨洪设计值

表 6-4 列出了大拜水文站的洪峰流量和流域面雨量的单变量设计值和联合分布的"或"、"且"和 Kendall 联合重现期的同频设计值。由表 6-4 可见,设定重现期下单变量洪峰流量与三种联合重现期的设计值存在以下关系:$Q_{OR} > Q > Q_{Ken} > Q_{AND}$。设计暴雨值也存在此不等关系。由此可见,按目前有关规范设计要求的单变量雨洪设计值已属于高标准。对比单变量设计值,依 Kendall 联合重现期推算的联合设计值具有更坚实的防洪工程设计与风险管理依据。

表 6-4　洪峰流量与流域面雨量设计值

重现期/年	边缘分布		"或" 联合重现期		"且" 联合重现期		Kendall 联合重现期	
	$Q/(m^3/s)$	R/mm	$Q/(m^3/s)$	R/mm	$Q/(m^3/s)$	R/mm	$Q/(m^3/s)$	R/mm
200	3 822	568	4 420	603	2 582	526	3 016	538
100	2 902	521	3 348	556	2 002	479	2 306	490
50	2 214	472	2 536	507	1 498	434	1 770	441
20	1 563	406	1 782	442	1 096	367	1 270	376
10	1 209	355	1 374	392	877	316	999	325
5	941	301	1 064	339	703	264	794	274

6.4.4　雨洪同频联合重现期

由设定重现期标准下 $Q\text{-}R$ 联合分布的三种联合重现期计算结果见表 6-5,对于设定的某一重现期 T,"或" 联合重现期、"且" 联合重现期和 Kendall 联合重现期之间存在 $T_{OR} \leqslant T_{Ken} \leqslant T_{AND}$ 的大小不等关系。Graler 等(2013)对三种联合重现期的理论比较作了说明。以大拜水文站为例,预定重现期为 100 年的防洪标准,$Q\text{-}R$ 遭遇情景下洪峰流量超标致灾宜采用 123 年的 Kendall 联合重现期标准,而非 77 年的 "或" 联合重现期标准或 142 年的 "且" 联合重现期标准。另与 2010 年出现的最大洪峰流量和相应的流域面雨量进行分析比较,洪峰流量为 3200 m³/s(重现期为 128.1 年),相应的流域面雨量为 468 mm(重现期为 47 年),二者显然远非同频率遭遇。$Q\text{-}R$ "或" 联合重现期、"且" 联合重现期和 Kendall 联合重现期分别为 42.2 年、185.6 年和 107.9 年,符合三个联合重现期之间大小不等关系。

表 6-5　洪峰流量和流域面雨量联合分布的联合重现期

T/a	T_{OR}/a	T_{AND}/a	T_{Ken}/a
200	131.0	422.2	335.7
100	65.6	210.2	167.1
50	32.9	104.2	82.8
20	13.3	40.6	32.2
10	6.7	19.5	15.4
5	3.5	9.0	7.1

6.5　设计暴雨洪水同频率假定检验

定义特定流域面雨量条件下出现洪峰流量的遭遇概率，给定 $R \geqslant r$ 时，$Q \geqslant q$ 的遭遇概率为

$$P\left(Q \geqslant q \mid R \geqslant r\right)=\frac{P(Q \geqslant q, R \geqslant r)}{P(R \geqslant r)}=\frac{1-F_Q(q)-F_R(r)+F(q,r)}{E(L) \cdot [1-F_R(r)]} \quad (6-10)$$

遭遇概率实质上表示了在大于流域某特定雨量设计值条件下超过洪峰流量设计值的风险率。表 6-6 所示为流域 6 个设计暴雨值 301 mm、355 mm、406 mm、472 mm、521 mm、568 mm（重现期分别为 5 年、10 年、20 年、50 年、100 年、200 年）与洪峰流量设计值的遭遇概率。当出现概率大于等于 20%、10%、5%、2%、1%、0.5%的流域面雨量时，大拜水文站洪峰流量超过相应标准的遭遇概率 $P(Q \geqslant q \mid R \geqslant r)$。二者遭遇风险率有以下特点。

（1）随着设计流域面雨量增大，其与特定设计频率的洪峰流量的遭遇概率随之增大。以重现期 100 年的洪峰流量 2901.9 m³/s 为例，其与重现期分别为 5 年、10 年、20 年、50 年、100 年、200 年的设计流域面雨量的遭遇概率从 0.046 增大至 0.629。

（2）Q-R 同频率遭遇的概率介于 47.3%～50.6%，表明二者同频率遭遇的概率不大，主对角线以上二者遭遇的概率则大于 62.9%（见表 6-6 中的加粗字），显示存在着多种防洪风险管理的 Q-R 组合。

表 6-6　设计洪峰流量与流域面雨量的遭遇概率

Q/(m³/s)	R/mm					
	$301/P_{20\%}$	$355/P_{10\%}$	$406/P_{5\%}$	$472/P_{2\%}$	$521/P_{1\%}$	$568/P_{0.5\%}$
$940.7/P_{20\%}$	0.506	**0.658**	**0.775**	**0.873**	**0.918**	**0.947**

续表

$Q/(\text{m}^3/\text{s})$	R/mm					
	$301/P_{20\%}$	$355/P_{10\%}$	$406/P_{5\%}$	$472/P_{2\%}$	$521/P_{1\%}$	$568/P_{0.5\%}$
$1209.2/P_{10\%}$	0.329	0.489	**0.643**	**0.793**	**0.866**	**0.913**
$1562.5/P_{5\%}$	0.194	0.321	0.480	**0.678**	**0.788**	**0.862**
$2214.2/P_{2\%}$	0.087	0.159	0.271	0.475	**0.630**	**0.753**
$2901.9/P_{1\%}$	0.046	0.087	0.158	0.315	0.473	**0.629**
$3822.0/P_{0.5\%}$	0.024	0.046	0.086	0.188	0.314	0.473

对于可能存在着不同重现期的流域面雨量和洪峰流量的组合，按出现概率最大的原理进一步推算二者不同重现期组合下的联合重现期设计值（表 6-7），二者组合设计值显示出以下特点。

（1）同频率流域面雨量和洪峰流量组合设计值显示二者具有显著的正相关，相关系数高达 0.976。洪峰流量随流域面雨量增大而呈现非线性增大。

（2）不同重现期的流域面雨量与洪峰流量大小组合具有较明显的随机性，此应与流域产汇流过程有关。

（3）同频率流域面雨量和洪峰流量组合设计值同表 6-6 中的联合重现期设计值。

从上述组合遭遇概率来看，表 6-6 主对角线以上二者遭遇概率较大，推算的不同重现期最可能的设计流域面雨量和设计洪峰流量组合可为流域防洪提供更多的风险管理依据。

表 6-7　洪峰流量与流域面雨量组合下不同重现水平组合的设计值

重现期/年	200 年		100 年		50 年		20 年		10 年		5 年	
	R/mm	$Q/(\text{m}^3/\text{s})$	R/mm	$Q/(\text{m}^3/\text{s})$	R/mm	$Q/(\text{m}^3/\text{s})$	R/mm	$Q/(\text{m}^3/\text{s})$	R/mm	$Q/(\text{m}^3/\text{s})$	R/mm	$Q/(\text{m}^3/\text{s})$
200	538	3 016	510	2 369	503	1 731	503	1 165	503	902	503	712
100	455	2 624	490	2 306	462	1 818	455	1 218	455	921	455	720
50	422	2 625	405	2 014	441	1 770	407	1 305	405	964	405	737
20	501	2 790	363	2 014	341	1 551	376	1 270	347	1026	339	792
10	492	2 744	451	2 135	310	1 552	291	1 119	325	999	297	818
5	484	2 708	442	2 099	400	1 637	249	1 119	242	884	274	794

6.6　本　章　小　结

设计暴雨和设计洪水同频率是缺乏资料地区由暴雨资料间接推求设计洪水的一种主要方法，在中小流域山洪灾害防治中起着重要作用。已有实证表明，由暴雨资料求得的设计洪水并非同频率。由于此不仅涉及设计暴雨计算中典型暴雨的选择、点面关系的分析、设计净雨计算中设计初损值和设计前期影响雨量的确定、降雨径流关系曲线的制定及河道行洪能力；还涉及不同历时设计暴雨与设计洪水关系。对此，本章对设计暴雨和设计洪水联合分布实证了二者同频率遭遇概率较低，此为流域与下游的水库洪水风险管理提供了有利的科学依据。得到以下结论。

（1）曹江流域相应场次面雨量和洪水同频率概率较小，随着设计流域面雨量增大，其与特定设计频率的洪峰流量的遭遇概率随之增大。

（2）对比"或"联合重现期和"且"联合重现期，Kendall 联合重现期可更准确地反映洪水和流域面雨量组合的风险率。

（3）最大概率原理推算的不同流域面雨量和洪峰流量组合遭遇概率的 Kendall 联合重现期设计值，为多种防洪标准选择与风险管理提供了更多的参考依据。

参 考 文 献

陈子燊，黄强，刘曾美，2015. 变化环境下西江北江枯水流量联合分布分析[J]. 水科学进展，26（1）：20-26.

陈子燊，黄强，刘曾美，2016. 基于非对称 Archimedean Copula 的三变量洪水风险评估[J]. 水科学进展，27（5）：763-771.

戴全厚，刘国彬，刘明义，等，2005. 小流域生态经济系统可持续发展评价：以东北低山丘陵区黑牛河小流域为例[J]. 地理学报，60（2）：209-218.

方彬，郭生练，肖义，等，2008. 年最大洪水两变量联合分布研究[J]. 水科学进展，19（4）：505-511.

刘苏峡，夏军，莫兴国，2005. 无资料流域水文预报（PUB 计划）研究进展[J]. 水利水电技术，36（2）：9-12.

谈戈，夏军，李新，2004. 无资料地区水文预报研究的方法与出路[J]. 冰川冻土，26（2）：192-196.

万小强，2016. 江西省小流域典型防治区山洪灾害成因分析及对策研究[D]. 南昌：南昌大学.

姚瑞虎，覃光华，丁晶，等，2017. 洪水二维变量重现期的探讨[J]. 水力发电学报，36（10）：35-44.

Hrachowitz M，Savenije H H G，Blöschl G，et al.，2013. A decade of predictions in ungauged basins（PUB）-a review[J]. Hydrological Sciences Journal，58（6）：1198-1255.

Nelsen R B，2006. An introduction to copulas（Springer Series in Statistics）[M]. NewYork：Springer.

Salvadori G，De Michele C，2004. Frequency analysis via copulas：Theoretical aspects and applications to hydrological events[J]. Water Resources Research，40（12）：W12511.

Salvadori G，De Michele C，Durante F，2011. On the return period and design in a multivariate framework[J]. Hydrology and Earth System Sciences，15（11）：3293-3305.

Salvadori G，Durante F，De Michele C，2013. Multivariate return period calculation via survival functions[J]. Water Resources Research，49（4）：2308-2311.

Vandenberghe S，Verhoest N E C，Onof C，et al.，2011. A comparative copula-based bivariate frequency analysis of observed and simulated storm events：A case study on Bartlett-Lewis modeled rainfall[J]. Water Resources Research，47（7）：197-203.

Volpi E，Fiori A，2012. Design event selection in bivariate hydrological frequency analysis[J]. International Association of Scientific Hydrology Bulletin，57（8）：1506-1515.

Zhang L，Singh V P，2006. Bivariate flood frequency analysis using the copula method[J]. Journal of Hydrologic Engineering，11（2）：150-164.

Graler B，Berg M J，Vandenberghe S，et al.，2013. Multivariate return periods in hydrology：A critical and practical review focusing on synthetic design hydrograph estimation[J]. Hydrology and Earth System Sciences，17（4）：1281-1296.

Šraj M，Bezak N，Brilly M，2015. Bivariate flood frequency analysis using the copula function：A case study of the Litija station on the Sava River[J]. Hydrological Processes，29（2）：225-238.

第7章 中小流域设计暴雨洪水参数综合方法

7.1 中小流域设计暴雨洪水参数计算概述

产汇流参数的地理综合是指建立参数与流域地理特征之间的联系，目的在于解决设计条件下参数外延（单站综合）和地区移用（地区综合）的问题（张恭肃等，1984）。对于资料匮乏地区小流域，可借助有水文资料流域的洪水汇流参数与流域自然地理特征间的相关关系，再根据无资料流域的自然地理特征值间接地推出流域洪水汇流参数（柏绍光等，2008）。降雨量、用水量和下垫面等因素变化是影响径流量变化的主要因素，特别是下垫面的变化，其贡献程度可达70%左右（冯平等，2008）。土壤性质、前期土壤含水量、地形和降雨的空间变异性将导致不同的地表径流生成机制，形成洪水过程线（Liang and Xie，2001）。20世纪60年代，全国各省（自治区、直辖市）开展了大规模的水文调查和研究工作，分别编制了水文手册和水文图集等，后为解决无资料小流域参数外延和地区移用等问题编制了暴雨径流查算手册等。目的在于纠正产汇流参数非线性，简化参数选取和应用。

一般小流域缺乏实测降雨洪水资料，较难进行产流计算。例如，河南省编制了《河南省中小流域设计暴雨洪水图集》，图集中根据当地大中流域长系列降雨洪水资料建立了$(P + P_a)$-R曲线，各流域可根据图集水文分区选择相应的$(P + P_a)$-R曲线进行产流计算（张李川，2017）。产流计算的主要测定方法有降雨径流相关图法、扣损法（包括初损后损法和平均损失率法）、蓄水容量曲线、径流系数法（综合径流系数法、变径流系数法）（秦嘉楠，2016）、下渗曲线法、产流模型法（包括SCS模型等）等。相对湿润地区，一次暴雨过程损失量占比较少，多采用前期影响雨量和平均损失量计算。干旱地区下渗损失占比较大，宜采用下渗曲线法等。

1958年水利水电科学研究院第7号研究报告《小汇水面积雨洪最大径流图解分析法》介绍了推理公式法，而汇流参数m的概念是在20世纪60年代初期对小水库的设计洪水复核工作中形成的。自1981年起水利水电科学研究院水文研究所对湖南、湖北、浙江、山东、江西、河南、四川、吉林、宁夏等省（自治区）约156个小流域和特小流域水文站点共1403场暴雨洪水资料进行了分析，并对60年代制作的m查算表进行了更新，最终形成了《水利水电工程设计洪水计算规范》（SL 44—93）中的m查算表。广东省于1988年编制完成《广东省暴雨径流查算图表》

并提出独具地方特点的广东省综合单位线法。其基本原理为将流域特征指标与单位线要素或参数按地区进行综合，得出经验公式和图表，供相似地区移用（王国安等，2011；陈家琦和张恭肃，2005）。确定 m 有两个环节：一是确定单站代表性的 m，即求定一个流域稳定的 m；二是对各站的稳定 m 进行地区综合。

7.2　中小流域设计暴雨洪水参数计算

设计暴雨是缺乏实测资料的中小流域推算设计洪水的常用方法，前提是假定流域为集中输入系统并且设计暴雨与设计洪水同频率。设计暴雨包括暴雨选样、暴雨时空分布、平均雨强公式等内容。城市设计暴雨研究较为丰富，中、小型工程的设计暴雨径流计算，因为实测资料的缺乏，一般采用各省（自治区、直辖市）编制的暴雨径流查算图表（曹世惠和柏绍光，2002；叶贵明和傅世伯，1982）。

7.3　产流计算及参数综合

7.3.1　产流计算

流域产流实质上是降雨在不同下垫面中各种因素综合作用下的再分配过程，主要受流域的降水特性和时空分布、流域湿润程度、植被覆盖类型、地表洼地分布、土壤质地和结构等要素的影响（刘晓燕等，2019；苏伟忠等，2019；Elsevier，1985）。

产流计算是除去初损、下渗、填洼、植物截留后的净雨量，以初损和下渗为主，且中小流域多为无资料地区，其数据资料或因流域内人类活动而无法继续使用，水文模型无法很好进行长序列产流参数综合。本节主要介绍常用的前期影响雨量（降雨径流相关图法），并将其他产流计算方法列于表 7-1（吴健生等，2017；赵玲玲等，2016；张一龙等，2015；李军等，2014；靳春蕾，2005）。湿润地区设计条件下的一次暴雨损失量占暴雨量的比例较小，对设计洪水的计算影响不大，故湿润地区产流计算采用降雨径流相关图法、平均损失率法等。对于比较干旱的地区，其损失量较大，采用下渗曲线法、初损后损法等。

黄膺翰等（2014）在霍顿下渗能力曲线的基础上，推导出了一种基于流域最大蓄水容量、稳定入渗率及初始入渗率三个参数的流域产流计算方法。Valeriy 等在网格法的基础上建立一种分布式水文模型，模型仅用原始网格节点的 5%～10% 就能捕捉到流域地形的水文特征，利用网格法进行产流计算，并随着卫星遥感等技术的发展而得到应用。网格法将流域划分为多个网格，在网格单元上叠加雷达测雨信息和下垫面遥感信息，以获得每个网格单元的降雨量和下垫面因子，从而计算出每个网格单元的产流量（Ivanov et al., 2004）。芮孝芳（2017）在 Iturbe 和 Valdes（1979）提出的地貌瞬时单位线理论的基础上，引入"网格水滴"的概念，提出了单元嵌套网格产汇流理论。这套产汇流理论取等流时线法和单位线法之精华，去其糟粕，同时采用将坡面汇流和河网汇流先分开、后卷积考察流域汇流的方法，使在物理上统一等流时线法和单位线法成为可能。

刘昌军等（2021）针对山丘中小流域暴雨洪水提出了一种时空变源混合产流模型，该模型在蓄满产流和超渗产流的平面上搭建混合产流模型，更好地反映两种产流模式的时空变化，研究表明，该模型适用于湿润、干旱和半干旱流域。

表 7-1 产流分析的方法

净雨分析方法		原理简介
降雨径流相关图法		根据实测资料建立$(P+P_a)\text{-}R$关系图
下渗曲线法		降雨扣除下渗过程得到了净雨过程
扣损法	初损法	假设损失只发生在降雨初期，满足总损失量后的降雨全部产生径流
	初损后损法	简化的下渗曲线法，把实际损失简化为初损和后损两个阶段
	平均损失率法	把损失量平分到整个降雨过程
	稳定入渗率法	假定流域已经蓄满后发生的洪水，整个降雨过程中保持了稳定的入渗率
径流系数法	综合径流系数法	采用加权平均法求定地面的综合径流系数
	变径流系数法	径流系数随降雨过程变化
水文模型法	SCS 模型	基于水量平衡方程和两个假设条件建立了 SCS 模型公式
	新安江产流模型	由新安江模型中的蒸散发板块和产流模板共同构成
	LCM 产流模型	中国科学院地理所刘昌明等提出的适合我国的降水动态入渗产流模型（张一龙等，2015）

7.3.2 产流参数综合

通过建立参数与流域下垫面的关系进行产流参数综合，其中前期影响雨量参数和损失参数的综合一般是为了相应流量的推算需求而取值。部分中小流域缺乏充足的下垫面资料，无法以下垫面条件为基础进行分类分析，多以单站结合或区域参数综合分析计算该类地区的产流。产流参数综合多以经验法选取参数，其精度较低。但是面上水利工程推求设计洪水时，其产流计算可以通过参数综合分析，来定量区域产流参数，对流域特征在产流计算中的作用进行经验界定。产流参数综合主要包括降雨径流相关图法和损失法。

1. 降雨径流相关图法

降雨径流相关图法（表 7-2）主要考虑前期土壤含水量（土壤湿度）参数对净雨量的影响，以前期影响雨量（P_a）为参数的径流关系。湖北省、江西省、福建省、广西壮族自治区采用蓄满产流模型。江苏省根据 P-R 点据选配数学模型，而陕西省南部、云南省、河南省、山东省等地则直接给出经验相关图。

表 7-2　降雨径流相关图法几种模型

模型	应用地区	备注
蓄满产流模型	湖北省、江西省、福建省、广西壮族自治区	考虑 W_0
P-R 相关图 （其中 $R = \sqrt[3]{(P + P_a - C_p)^3 + C_t^3} - C_t$）	江苏省	C_p 为纵坐标轴截距；C_t 为 C_p 与相关图 45% 渐近线在纵轴上截距的差
经验相关图	陕西省南部、云南省、河南省、山东省	实测资料经验图
P-R 相关图	河北省	不考虑 P_a
径流系数法	贵州省	P-R 采用直线表示
扣除 I_m 的某个百分数	四川省	I_m 为最大初损值

2. 损失法

地表产流过程也是暴雨损失的过程，土壤最大损失量（I_m）是反映流域最大损失量的综合指标。在表 7-3 损失法的分类中，初损后损法是指扣除产流开始前的降雨损失量 I_0，并用产流期内的平均损失率 $\overline{f}$ 扣除后损，求出径流深 R。I_0 进行地区综合，首先计算单站 I_0，再建立 I_0 与流域面积、P_a 或分区定值的关系。$\overline{f}$ 进行综合时按地区综合或与 P_a 建立关系。

表 7-3　损失法的几种综合类型

方法	原理	公式	备注
初损后损法	扣除初损 I_0 和流域产流以后的下渗损失，并用产流期内的平均损失率 $\overline{f}$ 扣除后损	$\overline{f} = \dfrac{(P - h - I_0 - P_{t-t_c-t_0})}{t_c}$	三种方法之间的关系为 $\mu > \overline{f} > \overline{f_1}$
平均损失率法	仅考虑一个均化的产流期平均入渗率 μ	$\mu = \dfrac{P_{t_c} - h}{t_c}$	
	降雨历时内的平均损失率 $\overline{f_1}$	$\overline{f_1} = \dfrac{P - h}{t}$	

注：P 为一次降雨总量；h 为净雨总量；$P_{t-t_c-t_0}$ 为降雨后期不产流时段的降雨量；t 为降雨历时；t_c 为产流历时；P_{t_c} 为产流历时内的降雨量。

7.4 汇流计算及参数综合

流域汇流的实质是水质点经过坡面和河网在流域出口断面的汇集的过程。主要受流域水系结构特征和流域的形状和结构特征的影响。汇流计算的主要方法有单位线法（瞬时单位线、经验单位线、综合单位线等）、推理公式法（国外称合理化法）、等流时线法、流域水文模型法等（张婷婷等，2007）。我国幅员辽阔，自然地理条件十分复杂，产汇流特性差异很大，因此造就了产汇流计算方法的多样性。单位线法可以直观地反映出流域地形、地貌等汇流特性，应用简便，但是对资料要求较高，且地貌单位线受面积影响不具有唯一性。推理公式法历史悠久，较适用于小流域。经验公式法应用简易，反映了流域的地理特征和暴雨特征，系列资料的长短对经验公式本身计算结果的影响大。瞬时单位线和推理公式法都是概念性模型，具有一定的物理概念，因此其参数不能采用完全严格的水力学方法确定，水文计算中常用实测暴雨洪水资料反求瞬时单位线和推理公式参数，然后对参数进行综合用来推求流域设计洪水。

我国多数省（自治区、直辖市）按流域面积的大小选择不同的计算方法，普遍采用的方法是瞬时单位线（共有 19 个省、自治区、直辖市采用）和中国水利水电科学研究院推理公式法（共有 18 个省、自治区、直辖市采用）。辽宁省、浙江省、广东省等还采用综合单位线，江苏省还采用总入流法（适用于平原地区），新疆维吾尔自治区还采用调蓄经验单位线，吉林省还采用推理瞬时单位线。总的来说，全国各地基本上采用了两种途径进行汇流计算，一种是单位线法，另一种是推理公式法。

7.4.1 汇流计算

1. 瞬时单位线

单位线法是计算设计洪水的常用方法，指在给定流域上，单位时段内分布均匀的单位净雨量所直接产生的径流量在流域出口断面处形成的流量过程线。常用的单位线主要有瞬时单位线、综合单位线和地貌瞬时单位线（谢莹莹等，2006）。单位线法最早由 Sherman 提出（Sherman，1932）。1945 年克拉克考虑流域产流成因概念，突破固有的经验方法，阐明单位线法与洪流演进法之间的关系，这便是瞬时单位线的雏形。1950 年爱迪生等进一步给出了瞬时单位线公式的经验性推导，认为一个流域面积曲线的累积线具有一般抛物线形式，流量也具有这种形式，而河槽调蓄类似一个水库的作用，即出流量随时间呈指数递减，并且在 1953 年给出流域瞬时单位线公式的经验性推导。20 世纪 50 年代以来，脉冲技术理论应用到水文研究中，1957 年纳希在有关英国河流的单位线的研究中，第一次提出纳希瞬时单位线模式（表 7-4）。在此后的发展中，杜格（Dooge）提出单位线的一般模式，周文德（Chow）、加里宁等进一步发展流域瞬时单位线。20 世纪 60 年代初，我国开始使用瞬时单位线研究暴雨洪水过程。1960～1978 年中国科学院与地方科学院开展小流域暴雨洪水流量计算和单位线的地区综合研究。华士乾和文康（1980）通过探索单位线的适用性考察了流域汇流非线性现象。1980 年王广德开展对单位线峰量和单位线滞时与净雨量的非线性关系的研究。张恭肃等（1984）、夏军（1982）、杨家坦（1981）等也对非线性问题做了研究。单位线法可以直观地反映出流域地形、地貌等汇流特性，应用简便。

表 7-4　单位线法

方法	估算公式	参数	优缺点（适用性）
纳希瞬时单位线	$u(Q,t)=\dfrac{1}{K\Gamma(n)}\left[\dfrac{t}{K}\right]^{n-1}\mathrm{e}^{-\frac{t}{K}}$	$\Gamma(n)$ 为伽马函数；n 为反映流域调蓄能力的参数；K 为线性水库的蓄泄系数	优点：简便实用，能反映出流域地形、地貌等汇流特性；缺点：与流域汇流的非线性相矛盾
量纲一单位线汇流模型	$u(n)=[S(t)-S(t-\Delta t)]/\sum q(\Delta t_0,t)$	$\sum q(\Delta t_0,t)$ 为净雨时段单位线纵坐标之和；$S(t)$ 为 t 时 S 曲线	优点：消除面积因子影响，完整展示单位线特性

2. 综合单位线法

综合单位线分为综合经验单位线和地貌综合单位线。地貌综合单位线是将流域自然地理特征与单位线要素联系起来，借助单位线的概率释义，通过地区的各种流域特征资料综合导出单位线分析表达式（表 7-5）。水文地理学家早在 20 世纪 30～40 年代就已提出通过经验统计分析，建立单位线峰值、峰值滞时等流域单位线的主要特征及流域地形地貌参数，以确定缺乏水文资料情况下流域单位线的方法（张静怡，2008；芮孝芳，1999；陈明等，1995）。但这类方法忽略流域汇流机理，缺乏一定的理论基础，导致计算结果误差大，精度小，不适用于参数外延和地区移用。1938 年，斯奈德等提出综合经验单位线。地貌瞬时单位线理论由 Rodriguez 等（1979）和 Gupta 等（1980）应用和发展，他们认为瞬时单位线是水质点到达流域出口断面汇流时间的概率密度函数，并将水力因子融为一体，这是在瞬时单位线的认识上的突破。我国在 20 世纪 80 年代初，在全国范围内研究单位线法，结合各省（自治区、直辖市）的研究成果，编制了《暴雨径流查算图表》。例如，1978 年广东省深入分析纳希瞬时单位线法，并提出了一套具有本地特色的综合单位线法，即广东省综合单位线法（舒晓娟，2004；王国安等，2011）。地貌单位线属于随机水文过程，简便实用，适宜区间与小流域洪水预报，但是受面积影响，使流域地貌瞬时单位线不具有唯一性。

表 7-5　地貌综合单位线法

方法	计算公式	参数	优缺点（适用性）
广东省综合单位线法	$q_i = \dfrac{u_i W}{t_p}$　$Q_m = \dfrac{u_m W}{t_p}$　$t_p = \left(m_1 + \dfrac{1}{2}\Delta t\right)k$　$t_i = x_i t_p$	u_i 为量纲一单位线的纵坐标（比值）；x_i 为量纲一单位线的横坐标（比值）；q_i 为时段单位线的纵坐标；t_i 为时段单位线的横坐标；t_p 为时段单位线的上涨历时；$W=F/3.6$，相当于 1 mm 的净雨所形成的时段单位的总洪量；F 为流域面积；m_1 为时段单位线滞时	优点：对流域地形地貌条件综合考虑。适用于流域面积小于 1000 km²
广东省三角形综合单位线法	$Q_t = \displaystyle\sum_{i=1}^{n} R_i C_u(i)$	Q_t 为 t 时刻雨量系列在桥址断面处产生的流量；R_i 为第 i 时段雨量大小；$C_u(i)$ 为 t 时刻第 i 时段雨量对应的单位线纵坐标；n 为雨量时段数	三角形综合单位线法体现了当地的地域特点
地貌综合瞬时单位线（张静怡，2008）	$G_{\text{GIUH}}(t) = \left(\dfrac{t}{k}\right)^{a-1}\dfrac{\text{e}^{\frac{t}{k}}}{k\Gamma(a)}$　$a = 3.29\left(\dfrac{R_B}{R_A}\right)^{0.78} R_L^{0.07}$　$k = 0.70\left(\dfrac{R_A}{R_B R_L}\right)^{0.48}\dfrac{L_\Omega}{v}$	v 为流速；$\Gamma(a)$ 为 a 的伽马函数；L_Ω 为最高级河流长度河长比（R_L）、分叉比（R_B）和面积比（R_A）	缺点：分叉比、河长比、面积比受面积影响，从而使流域地貌瞬时单位线不唯一

3. 推理公式法

推理公式法已有一百多年的历史，国外称为合理化法（表 7-6）。早期的推理公式是理想条件下形成的最大流量的推理关系，一般只包含径流系数、降雨强度和流域面积三个要素。例如，1851 年马尔瓦尼基于降雨、产流、汇流等过程为均匀的假设给出推理公式法基本公式，并概化设计暴雨及损失等。此后，推理公式法逐渐在世界范围内发展，水文学家们在基本公式的基础上，将推理公式法和地区暴雨洪水特性结合，推导出新的推理公式法。改进的推理公式法因其适用性强、计算的高效性在我国广泛使用。1956 年，水利水电科学研究院水文研究所首次提出基于推理公式法的最大径流量计算方法。1958 年水利水电科学研究院进一步提出小流域雨洪最大径流图解分析法。

推理公式法历史悠久，计算程序简便，对资料要求不高，但具有一定的局限性，适用于特小流域，且由于该方法对许多外部条件作了概况和假定，其计算结果的不确定性较大。随后小流域暴雨径流研究组考虑洪峰流量形成中汇流面积的分配和调蓄作用对推理公式法进一步完善。

表 7-6　推理公式法

方法名称	估算公式	主要参数	优缺点（适用性）
马尔瓦尼推理公式法	$Q_m = CIA$	C 为径流系数	缺点：推理公式只适用于山区丘陵小流域的设计洪水计算，不适用于平原河流和平原河网排涝计算
林平一法	$Q_m = 16.67C \dfrac{S_p}{\tau^n} F$ $\tau = \left[\dfrac{K}{(CS_p)^{\frac{1}{4}}} \right]^{\frac{4}{4-n}}$ $K = 645 N_C^{0.75} \dfrac{L^{0.4}}{J_C^{0.2}}$	n 暴雨衰减指数；雨力；S_p 全面汇流时间参数；C 径流系数；K 全面汇流时间参数；L 河长；J_C 主河道 L 的坡度；N_C 河道汇流糙率	适用于流域面积小于 150 km² 的小流域洪水计算
水文研究所推理公式法	$Q_m = 0.278 \varphi TF$	φ 为洪峰径流系数	适用于特小流域；优点：公式简单，变量意义明确，公式结构具有一定物理基础
中铁法	$Q_t = \displaystyle\int_0^t \left[\dfrac{\partial w(\tau, r)}{\partial \tau} \right]_{r_{t-r}} d_r$	τ 为流域某一位置处的净雨水质点的汇流时间；$w(\tau, r)$ 为流域面积增长函数；r_{t-r} 为流域面上 $t-r$ 时刻的雨强	优点：具有严密的理论基础，公式形式也非常简单。把流域造峰历时看作随雨强变化而变化
改进后的美国推理法	$Q_p = 0.278 S_p T_c^{1-n} CF$	Q_p 为频率为 p 的计算洪峰流量；C 为洪峰径流系数；S_p 为频率为 p 的暴雨雨强	优点：改进后的公式考虑了时间段对暴雨洪峰的影响，雨强变化下洪峰的变化
半推理半经验公式法	$Q_p = 0.278 \varphi (s/\tau^n)$	Q_p 为频率为 p 的计算洪峰流量；φ 为径流系数；S 为暴雨雨力；τ 为流域汇流时间；n 为暴雨强度递减系数	适用于流域面积小于 500 km² 流域。优点：反映不同流域的实际情况；还可推求时段洪水总量和洪水过程线。缺点：公式中的洪峰流量径流系数 φ、汇流参数 m 的计算或选取与实际情况不符，峰量参数未考虑人为影响，地域性较强
推理公式法	$Q_p = \dfrac{0.278 F h_t}{t}$ $\tau = 0.278 \theta / \left(m Q_p^{1/4} \right)$	h_t 为历时 t 的最大净雨量；τ 为汇流时间；θ 为地理参数，$\theta = L/J_1/3$；L 为主沟道长度；J 为主沟道平均坡降；m 为汇流参数	适用于流域面积 <20 km² 特小流域
美国推理公式法	$Q_p = 0.278 iCF$ $T_c = 0.02 L^{0.07} S^{-0.385}$	Q_p 为频率是 p 的计算洪峰流量；i 为频率是 p 的暴雨雨强；C 为洪峰径流系数；F 为流域面积；T_c 为造峰历时；L 为流域主河槽长度；S 为流域主河槽坡度	优点：具有严密的理论基础，公式形式也非常简单；缺点：把流域造峰历时看作与雨强无关

方法名称	估算公式	主要参数	优缺点（适用性）
推理公式法	$Q_m = 0.278C \dfrac{24^{n-1}H_{24p}}{\tau^n}F$ $\tau = 2 + 0.278\dfrac{L}{V}$	C 为洪峰径流系数；n 为暴雨衰减指数；H_{24p} 为设计频率为 p 的 24 h 暴雨总量	适用于流域面积 300 km^2 以下的流域；优点：简便，能够反映一定的不同河流特性，理论依据充足；缺点：各参数的取值受人为因素影响很大，且不同河流、流域的不同河段各参数有区别
推理公式法	当 $t_c \geqslant \tau$ 时， $Q_m = 0.278\left(\dfrac{h_\tau}{\tau}\right)F$ 当 $t_c \leqslant \tau$ 时， $Q_m = 0.278\left(\dfrac{h_R}{\tau}\right)F$	h_τ 为相应于 τ 时段的最大净雨量；h_R 为单一洪峰的净雨量；在小流域设计洪水计算过程中，净雨历时 t_c 一般大于汇流时间 τ，故以全面积汇流为主	主要用于中小集水面积
中国水利水电科学研究院推理公式法	$t_c \geqslant \tau$， $Q_m = 0.278\left(\dfrac{S_p}{\tau^n} - \mu\right)A$ $t_c < \tau$， $Q_m = 0.278\left[\dfrac{\left(S_p t_c^{1-n} - \mu t_c\right)}{\tau}\right]A$	μ 为损失参数	适用于我国大部分区域

4. 经验公式法

经验公式法的原理是根据各地区实测暴雨洪水资料推算设计洪水，通过结合流域地理、降水特征，建立经验关系公式，并用于缺资料或无资料地区。由于 19 世纪水文资料十分缺乏，并未出现水文频率的概念，经验公式法最早是为建立洪峰流量和流域面积的关系，经验公式法汇总见表 7-7。20 世纪以来，随着各类研究及工程项目的开展，各国在建立地区性经验公式方面做了许多工作，经验公式法的研究逐渐成熟，经验公式的内容逐渐丰富。我国相关部门从修建水利工程出发，结合实际需求，分析研究了中小流域设计洪峰流量经验公式的理论和计算方法，提高了经验公式法的适应性及实用性。经验公式法应用简易，反映了流域的地理特征和暴雨特征，对于集水面积小于 10 km^2 的河流使用效果好。但是较难反映不同流域的特性，且由于水文图集出版的时间早，水文系列资料的长短对经验公式本身计算结果的影响大（郑章忠和石向荣，2002）。

表 7-7　经验公式法

方法	计算公式	参数	优缺点（适用性）
经验公式法	$F \leqslant 300,\ q_m = \dfrac{2.80}{F^{0.115}}$ $F > 300,\ q_m = \dfrac{7.30}{F^{0.282}}$	F 为计算断面以上的集水面积；q_m 为洪峰流量均值模数	优点：简便；缺点：反映不同流域特性差，且由于水文图集出版的时间早，系列资料的长短对经验公式本身计算结果的影响大
市政部门经验公式法	$Q_P = CSF^{2/3}$	F 为汇水时间；C 为系数；S 为相应设计频率的 1 h 降雨量	优点：应用简易；缺点：设计洪水选取的标准与水利部门的概念差异较大，公式计算出的仅为洪峰流量，且难以对其计算成果作出了合理分析
广东省洪峰流量经验公式法	$Q_P = \dfrac{C_P H_{24P} F^{0.84}}{\theta^{0.15}}$	Q_P 为某频率的洪峰流量；C_P 为随频率而异的系数；H_{24P} 为 24 h 设计暴雨量；θ 为汇流特征参数；F 为集水面积	适用性：反映了流域的地理特征和暴雨特征，对于集水面积小于 10 km² 的河流使用效果好
交通运输部公路科学研究院经验公式法	$Q_{设} = KF^n$	$Q_{设}$ 为设计控制断面处洪峰流量；F 为项目区流域面积；K 为径流模数；n 为面积参数	适用于面积小于 10 km² 流域
多年平均年最大洪峰流量计算	$Q_m = CPF^n$	Q_m 为多年平均最大洪峰流量；C 为地理参数；P 为多年平均最大日暴雨均值；F 为流域面积；n 为指数	以实测和调查洪水资料为基础，综合考虑影响洪水的暴雨、地形、土壤、流域几何特征及人类活动，分析其与洪峰流量的关系

7.4.2　汇流参数综合

降雨特征、流域特征和地质特征共同影响着洪水汇流参数的变化。定量分析这些特征因素的难度较大。一般以特征因素为依据划分水文分区，以区域为单元推求综合洪水汇流参数。汇流参数综合则综合分析了三大要素对参数的影响。柏绍光等以下垫面条件为依据划分水文分区，通过分析各分区域内单站洪水汇流参数，构建汇流参数与流域地理特征的关系。

1. 单位线参数 m_1 综合

Nash 对英国各河流建立了参数的地区综合关系式。纳希瞬时单位线的参数 n、K 并不固定，其根据场次洪水特征而变化，这是因为在实际的汇流过程中，根据不同洪水推求得到的单位线有差异。一旦确定了流域的瞬时单位线参数 n、K，其瞬时单位线也便唯一地确定了。n 是综合反映流域调蓄能力的参数，K 是流域汇流时间的参数，具有时间量纲。

瞬时单位线参数 n、K 用于分析单位线与流域特征因子之间的关系。目前常用的参数推算方法有矩法、遗传算法等。瞬时单位线参数综合分为单站综合和地区综合。单站综合通过建立单位线参数与雨强之间的关系进行参数综合分析，地区综合则建立单站综合结果与流域特征的经验关系。

1）单站综合

对参数 m_1 进行单站综合时，将 m_1 与造峰雨平均雨强 i 建立关系，滞时-雨强关系式为

$$m_1 = ai^{-b} \qquad (7\text{-}1)$$

式中，a 为反映流域特征的参数；b 为非线性改正指数。

单站综合关系示意图如图 7-1 所示。

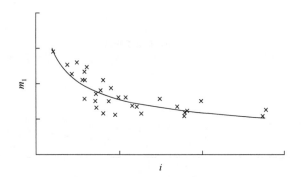

图 7-1　m_1-i 单站综合关系示意图

（1）建立单站 m_1-i 的关系，求出雨强为 10 mm/h 的滞时 $m_{1,(10)}$，然后根据各站 $m_{1,(10)}$ 与地理因子（F、L、J 等）进行地区综合

$$m_{1,(10)} = \phi(F、L、J\cdots) \qquad (7\text{-}2)$$

将式（7-2）带入式（7-3）

$$m_1 = m_{1,(10)}\left(\frac{10}{i}\right)^{-b} \qquad (7\text{-}3)$$

用这种方法综合的有陕西、安徽、甘肃、湖北、湖南、云南、江西、四川、福建、广西、浙江、河北等省（自治区）。对非线性改正指数 b 进行地区综合，大多数地区，b 随集水面积的增大而减小，反映了随着集水面积的增大，单位线的非线性减弱的规律。

（2）建立单站 m_1-i 的关系后，对 $m_1 = ai^{-b}$ 中的参数 a、b 进行地区综合，即不经过 $m_{1,(10)}$ 的转换。采用这种方法的有黑龙江、青海、宁夏等省（自治区），如表 7-8 所示。

表 7-8　m_1-i 单站综合

综合类型	综合公式	地区	备注
雨强 10 mm/h 与地理因子综合	$3.42(F/J^2)^{0.24}$（当 $F/J^2 \leqslant 1$时） $3.42(F/J^2)^{0.12}$（当 $F/J^2 > 1$时）	安徽省江淮丘陵区	F 为面积；J 为水力坡度；L 为河长；c_2 为待求常数
	$0.94F^{0.16}/J^{0.33}$	甘肃省黄土区	
	$2.7(F/J)^{0.116}$	湖南省山区	
	$0.0061L/J^{\frac{1}{3}}+5.5$	浙江省	
	$1.34F^{0.297}/J^{0.218}$	广西壮族自治区（Ⅰ区）	
	$c_m F^{0.262}/(J^{0.171}B^{0.467})$	云南省	
非线性指数 b 地区综合	$0.482-0.08961\lg F$	陕西省陕北地区	
	$0.371-0.071\lg(F/J)$	江西省（Ⅰ区）	
	$09813-0.21091\lg F$	四川省（Ⅰ区）	
	$0.262F^{-0.07}J^{0.126}$	福建省沿海地区	
	$J^{\frac{1}{3}}F^{\frac{1}{4}}$	浙江省	
对 $m_1 = ai^{-b}$ 中的参数 a, b 进行地区综合	$c_2 F^{0.27}i^{-0.31}$	黑龙江省	
	$0.135L^{0.864}i^{-0.093}$	宁夏回族自治区贺龙山区	
	$(1.717\lg F-2.63)i^{-0.383+0.39\lg F}$	青海省浅脑混合区	

2）地区综合

m_1 在地区上的综合，主要受流域特征，如面积 F、主河道坡度 J 等因素的影响。综上所述，m_1 参数的综合，既考虑了暴雨特性，又考虑了流域特征的影响，物理概念明确。

地区综合类型根据单位线的特点分为两种。第一种，首先是建立单站瞬时单位线滞时和雨强的关系，推求 10 mm/h 雨强的滞时 $m_{1,(10)}$，根据流域的地理因子（流域面积 F、坡度 J 等），以及 $m_{1,(10)}$ 进行单站地理综合。一般用于流域地理综合主要受面积和坡降影响的区域，其中 $m_{1,(10)}$ 和流域面积呈正相关关系，和坡降呈负相关。其次是对非线性改正指数 b 进行地区综合，非线性改正指数 b 反映了单位线非线性与集水面积大小之间的关系，在大部分地区，两者呈负相关。这种方法还可以在建立单位瞬时单位线滞时与雨强的关系后，不经过雨强滞时转换，直接对参数 a，b 进行参数综合。

$$m_{1,(10)} = \phi(F、J\cdots) \tag{7-4}$$

m_1 与 $m_{1,(10)}$ 关系为

$$m_1 = m_{1,10}\left(\frac{10}{i}\right)^{-b} \tag{7-5}$$

第二种是将一个地区内所有集水区的洪水相应单位线滞时 m_1 统一并进行地区综合，再推求地区综合公式。

单位线滞时 m_1 的综合，考虑了暴雨特性和流域特征的影响。根据表 7-9，各地区的公式一般都是以雨强和流域地理因子表达 m_1 的关系式。在进行地区综合时选取 $m_{1,(10)}$ 旨在消除雨强对 m_1 的影响，但由于气候、地理等因素，各地区对雨强在量级上的定义有一定的差异，求出的 $m_{1,(10)}$ 仍无法完全消除雨强的影响。同时，各地区对单位线滞时 m_1 的计算方法不同，在一定程度上也影响了计算结果的比较。因此，无法再细化研究各流域下垫面条件的不同对 $m_{1,(10)}$ 地区分布的影响。

表 7-9　　m_1-i 地区综合

综合类型		综合公式	地区
m_1 同雨强 i 建立关系	雨强 10 mm/h 与地理因子综合	$m_{1,(10)} = 3.42(F/J^2)^{0.24}$ (当 $F/J^2 \leqslant 1$ 时)	安徽省江淮丘陵区
		$m_{1,(10)} = 3.42(F/J^2)^{0.12}$ (当 $F/J^2 > 1$ 时)	
		$m_{1,(10)} = 0.94F^{0.16}/J^{0.33}$	甘肃省黄土区
		$m_{1,(10)} = 2.7(F/J)^{0.116}$	湖南省山区
		$m_{1,(10)} = 0.0061L/J^{\frac{1}{3}} + 5.5$	浙江省
		$m_{1,稳} = 1.34F^{0.297}/J^{0.218}$	广西壮族自治区（Ⅰ区）
		$m_{1,(10)} = c_m F^{0.262}/(J^{0.171}B^{0.467})$	云南省
	非线性改正指数 b 地区综合	$b = 0.482 - 0.08961\lg F$	陕西省陕北地区
		$b = 0.371 - 0.071\lg(F/J)$	江西省（Ⅰ区）
		$b = 09813 - 0.2109\lg F$	四川省（Ⅰ区）
		$b = 0.262F^{-0.07}J^{0.126}$	福建省沿海地区
		$b = J^{\frac{1}{3}}F^{\frac{1}{4}}$	浙江省
	对 $m_1 = ai^{-b}$ 中的参数 a，b 进行地区综合	$m_1 = c_2 F^{0.27}i^{-0.31}$	黑龙江省
		$m_1 = 0.135L^{0.864}i^{-0.093}$	宁夏回族自治区贺龙山区
		$m_1 = (1.717\lg F - 2.63)i^{-0.383+0.39\lg F}$	青海省浅脑混合区

续表

综合类型		综合公式	地区
考虑净雨量 R 和净雨历时 t_c	$m_1 \sim (R, t_c)$	$m_1 = 0.196 F^{0.33} J^{-0.27} R^{-0.20} t_c^{0.17}$	山东省山丘区
不考虑雨强	$m_1 \sim (F, J)$	$m_1 = 2.4\left(\dfrac{F}{J}\right)^{0.23}$	江苏省
		$m_1 = 1.34 F^{0.463}$	山东省

2. 推理公式参数 m 综合

1958 年，水利水电科学研究院在《小汇水面积雨洪最大径流图解分析法》报告中提出推理公式法。20 世纪 60 年代初，在研究应用推理公式法的过程中，在小水库的设计洪水复核工作中提出汇流参数 m。推理公式汇流参数 m 的综合分为两种：第一种为单站综合，确定具有一定代表性的单站 m；第二种是对区域内各流域站点的稳定 m 进行地区综合。

1）单站综合

由流域实测暴雨洪水数据，推求出场次洪水的 m，然后建立 $m\text{-}Q_m$ 或 $m\text{-}h_\tau$ 关系图（图 7-2），根据点据分布趋势，确定稳定的 m。建立 $m\text{-}h_\tau$ 关系的有山东、江西、四川、福建、甘肃、广西、青海等省（自治区），建立 $m\text{-}Q_m$ 关系的有湖南、贵州等省。其他的省份，湖北省按照洪水的量级或雨强求定稀遇洪水相应的 m，陕西和河南等省用峰量关系确定单站的 m。

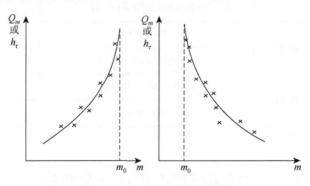

图 7-2　$m\text{-}Q_m(h_\tau)$ 关系示意图

2）地区综合

通过建立 $m\text{-}\theta$ 具有指数形式的关系式，对 m 进行地区综合。由于流域峰量比与 θ 的负相关关系，在实际计算中，$m\text{-}\theta$ 关系式的指数小于 1。不同省份或区域

对 $m\text{-}\theta$ 定线时采取的方法有一定差异，见表 7-10。可以看出，定线时大多考虑下垫面条件、地区及洪水大小等。

$$m = a\theta^{\beta}\ (\beta < 1) \tag{7-6}$$

$$\theta = \frac{L^a}{J^b F^c} \tag{7-7}$$

式中，a、b、c 为地区定线的常数，可以看出 θ 与河长呈正相关关系，与坡度和流域面积呈负相关关系。

表 7-10　不同地区 $m\text{-}\theta$ 定线类型

定线类型	省份	分类	m
下垫面	山西省	密闭林区	$0.23h^{-0.21}\theta^{0.21}$
		裸露山丘区	$0.35h^{-0.16}\theta^{0.21}$
	贵州省	山区、强岩溶、植被覆盖差	$0.056\theta^{0.73}$
		山区、少量岩溶、植被覆盖较好	$0.064\theta^{0.73}$
	甘肃省	六盘山土石山林区	$0.1\theta^{0.384}$
		黄土区	$1.845h^{-0.465}\theta^{0.515}$
	青海省	脑山区	$0.45\theta^{0.356}$
		浅、脑山区	$0.75\theta^{0.487}$
地区	四川省	盆地丘陵区（$\theta = 1\sim30$）	$0.40\theta^{0.204}$
		青衣江-鹿头山（$\theta = 1\sim30$）	$0.318\theta^{0.204}$
	福建省	沿海（$\theta \geqslant 2.5$）	$0.058\theta^{0.786}$
		内陆（$\theta \geqslant 2.5$）	$0.035\theta^{0.785}$
洪水大小	湖北省	PMP 及 $H_{24} > 600$ mm	$0.36\,\theta^{0.24}$
		一般频率洪水	$0.50\theta^{0.21}$

注：h 为净雨深；H_{24} 为 24 h 净雨深。

7.5　曹江流域产汇流计算及参数综合

7.5.1　曹江流域产汇流计算

实测 1967～2013 年的洪水径流、降雨数据。根据已知的洪水过程线拟合标准退水曲线，按流域综合退水曲线法对多洪峰洪水进行分割，以确保地表径流过程的准确性。

1. 产流计算

1）径流分割

在处理中小流域降雨径流关系时，由于对应降雨时段的径流观测资料中不仅包含了当次降雨产生的径流，还存在上一场次降雨及河道径流量的影响，而当次研究只需要提取地表径流数据，因此需要对场次洪水进行基流分割，采取流域综合退水曲线法对场次洪水进行分割。对于洪水退水过程的第二拐点，可通过以下方法确定。

场次洪水分割线起点为实测径流起涨点，终点标准退水曲线与场次洪水径流曲线退水段尾部重合时，两曲线的第一个交点，如图 7-3 所示。

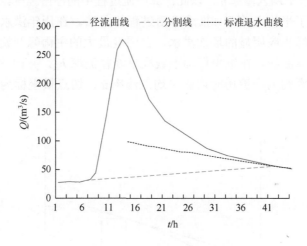

图 7-3　径流分割图

2）计算径流深

洪水参数的提取主要以洪峰流量 Q_m、洪水总量 W、单峰径流深 h_R 的确定为主，上述三个参数是推理公式法的汇流参数 m 及综合单位线法的单位线滞时参数 m_1 的计算基础，其计算方法如下。

洪峰流量：

$$Q_m = Q'_m - Q_0 \tag{7-8}$$

洪水总量：

$$W = \int_0^t Q \mathrm{d}t \tag{7-9}$$

径流深：

$$h_R = \frac{W}{10^3 F} \qquad\qquad (7\text{-}10)$$

式中，Q'_m 为实测最大径流，$\mathrm{m^3/s}$；Q_0 为基流，$\mathrm{m^3/s}$；Q 为实测径流数据，$\mathrm{m^3/s}$；W 为洪水总量，$\mathrm{m^3}$；F 为流域面积，$\mathrm{km^2}$。

2. 汇流计算

1）推理公式法

在推理公式法和瞬时单位线法的参数计算过程中，暴雨特征值是参数计算过程中的中间变量。在推理公式法中，利用实测降雨强度自主雨峰向两侧时段累加以点绘 H_t-t 曲线，推求产流时段的平均损失率。采用的降雨数据为实测基础数据，只需对数据进行重排。在瞬时单位线法参数定量过程中，需要通过每场洪水对应的实测降雨推求平均入渗率 u，以此计算产流过程中的净雨强度。

本节使用了平均入渗率 u 推求净雨过程的方法。在历年洪水中选择量级较大、雨峰和洪峰相应明显的场次洪水，自强度最大的主雨峰开始，向前后时段累计，点绘 H_t-t 曲线，在纵坐标轴上截取单峰径流深 h_R，并向曲线作切线，求得该切线的斜率则为产流历时内的平均入渗率 u，切点横坐标为产流历时 t_c，如图 7-4 所示。

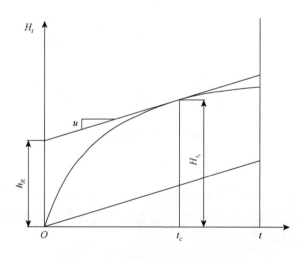

图 7-4 　H_t-t 曲线及计算 u 值示意图

不同历时的最大径流深可通过下式求得

$$h_t = H_t - ut \qquad\qquad (7\text{-}11)$$

（1）当产流历时小于汇流历时，径流最大流量由部分流域面积上的净雨汇集而成，即部分汇流。

$$\tau = 0.278 \frac{h_R}{Q_m} F \ (t_c \leqslant \tau) \tag{7-12}$$

（2）当产流历时大于汇流历时，径流最大流量由全流域面积上的净雨汇集而成，即全面汇流。

$$\tau = 0.278 \frac{h_\tau}{Q_m} F \ (t_c > \tau) \tag{7-13}$$

汇流参数为

$$m = \frac{v_\tau}{J^{1/3} Q_m^{1/4}} = \frac{0.278 L}{\tau J^{1/3} Q_m^{1/4}} \tag{7-14}$$

从式（7-13）可知，部分汇流洪水对应的汇流历时可直接通过实测洪水资料确定，而由于全面汇流洪水的径流深 h_τ 不能直接从实测资料中获得，可将式（7-14）变形为

$$\frac{h_\tau}{\tau} = \frac{Q_m}{0.278 F} \tag{7-15}$$

式（7-15）左边为未知数，右边可通过实测资料求得。在进行全面汇流洪水计算时，建立最大平均产流强度与时间的关系曲线，利用实测数据 $\dfrac{Q_m}{0.278F}$ 确定 $\dfrac{h_\tau}{\tau}$，进而求出全面汇流洪水过程的汇流时间 τ。

建立 h_τ/t-t 关系曲线，如图 7-5 所示，在 h_τ/t-t 曲线上截取截距为 $\dfrac{Q_m}{0.278F}$，作水平线与曲线相交，则交点横坐标为所求汇流历时 τ。确定汇流历时后可代入式（7-15）即可算出全面汇流时的汇流参数 m。

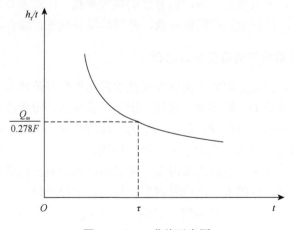

图 7-5　h_τ/t-t 曲线示意图

2）单位线法

根据产流历时求出净雨量，平均损失率为

$$P_净 = P_毛 - f \times t_R \qquad (7\text{-}16)$$

$$f = \frac{P - h_R}{t_R} \qquad (7\text{-}17)$$

式中，t_R 为产流历时；净雨 h_R 为总径流深。

纳希模型，该模型建立在线性可叠加的汇流假定基础上，即将流域看作一连串的 n 个相同的"线性水库"，通过线性汇流假定推导出一个单位的瞬时净雨进入"线性水库"后对应的出流表达式，即纳希瞬时单位线。

$$u(t) = \frac{1}{K\Gamma(n)} \left(\frac{t}{K} \right)^{n-1} \mathrm{e}^{-\frac{t}{K}} \qquad (7\text{-}18)$$

其中，$\Gamma(n)$ 为伽马函数；n 为调节次数；K 为线性水库的蓄滞系数。伽马函数表达式为

$$\Gamma(n) = \int_0^{+\infty} \mathrm{e}^{-x} x^{n-1} \mathrm{d}x \qquad (7\text{-}19)$$

在纳希模型中，瞬时净雨到流域出口处时距称单位线滞时，即 $m_1 = nK$ 。这里 n、K 乘积体现了净雨输入与径流输出之间的滞时概念，即流域的调蓄作用。

7.5.2　曹江流域产汇流参数综合

广东省在编制《广东省暴雨径流查算图表使用手册》时，曾对汇流参数进行了研究。广东省水文总站（现广东省水文局）针对本省地形的特点，以干流平均坡降、集水区域的平均高程和土壤渗性为主要参考指标，将地形分为山区、高丘区与低丘平原区，并且规定了各产流分区的损失参数、汇流参数定线等。下文根据实际洪水资料，计算地区产汇流参数，并对单站参数进行综合。

1. 产流参数前期影响雨量单站综合

一场降雨前，流域土壤的干湿状况对此次降雨产生径流的多少影响很大。因此，在流域产流计算中一般都要考虑这一因素。流域的干湿程度常用流域蓄水量或其定量指标前期影响雨量 P_a 表示，P_a 为一次降雨前土壤的湿润程度的相对指标。P_a 的计算结果，直接关系到水文预报的精度。

前期影响雨量又称为雨前土壤湿度，是影响降雨形成径流的重要因素。降雨开始时流域的土壤湿度越大，产流量越多；反之，产流量越少。在分析地区降雨径流关系时，一般常用的方法是降雨径流 $[(P + P_a)\text{-}R_s]$ 经验相关法，在这个相关关系中，合理地计算 P_a 至关重要。

在历年实测雨洪资料中选择久旱未雨后降雨较大且产生径流的资料，认为该次降雨的前期土壤含水量接近于 0。所选用的几场洪水，既包括不同类型的暴雨所形成的大中小洪水；同时也包括了不同季节的洪水，资料具有代表性，如表 7-11 所示。

表 7-11　场次洪水参数及土壤水分日折减系数 K

洪号	P/mm	R_s/mm	EM/mm	WM/mm	K
700419	69.77	14.50	3.25	52.02	0.94
700928	120.00	22.52	4.25	93.23	0.95
720508	111.79	34.50	2.70	74.59	0.96
730604	55.08	19.66	4.00	31.42	0.87
750814	195.73	47.66	4.70	143.37	0.97
810701	141.73	31.17	3.35	107.21	0.97
920614	70.41	12.79	3.55	54.07	0.93
010702	169.08	30.18	3.85	135.05	0.97

根据每场洪水推求的流域蓄水的日折减系数 K，选取 K 的平均值 0.95 为日折减系数 K 计算 P_a 值。K 大，土壤含水量消退慢，计算结果如表 7-12 所示。

表 7-12　各场次洪水雨量参数及初损 I_0

洪号	P_a/mm	$(P+P_a)$/mm	R_s/mm	I_0/mm
700419	73.71	143.48	14.50	55.25
700928	95.00	215.00	22.52	59.03
720508	95.00	206.79	34.50	20.67
730604	95.00	150.08	19.66	34.06
750814	93.87	289.60	47.66	47.86
810701	78.43	220.16	31.17	48.70
920614	95.00	165.41	12.79	51.22
010702	95.00	264.08	30.18	84.30

前期影响雨量取该次洪水前的 20 d 以最大初损值 95 mm 为控制上限，计算前期影响雨量 P_a 大于 95 mm 时，P_a 选择 95 mm。初损为降雨开始到出现超渗产流时，降雨全部损失，包括初期下渗、植物截留、填洼等。流域较小时，降雨基本一致，洪水过程线起涨点前的累积雨量就是初损。由于久旱无雨，土壤含水量接近于 0 时，又降大雨且全流域产生径流的雨洪资料不易得到，因此初损 I_0 数据有很大波动性。

　　流域平均雨量 P 加前期影响雨量 P_a 为纵坐标，以相应的径流深 R_s 为横坐标建立关系图。做出 $(P + P_a)$-R_s 相关图后，根据预计的降雨过程及降雨开始时的 P_a 累计各时段的降雨在图上查出径流深，从而预报各时段的水位值。如图 7-6 所示，当 R_s 等于 0 时，y 轴的数值为 101.99 mm，是在临界产流的情况下最大的前期损失量即为最大初损量 I_0。

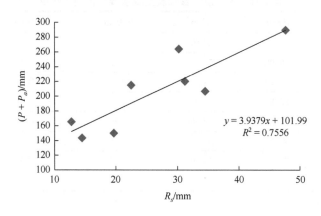

图 7-6　降雨径流相关图

2. 推理公式参数 m 单站综合

　　汇流参数 m 定量的存在很多影响因素，除了公式概化条件导致的与实测资料的误差外，还存在降雨特征、流域特征和地质特征等因素的影响。由计算方法可知，汇流参数 m 的定量通过汇流历时确定，而汇流历时在一定程度上反映了峰量关系，即间接反映了暴雨时程中雨量的分配，因此不同类型的暴雨往往会引起参数 m 的变化。理论上 m 除了反映与汇流速度相关的糙率、断面形状等因素外，还需反映与径流最大值形成相关的一切在公式未能表达的因素。

　　（1）当产流历时小于汇流历时，径流最大流量由部分流域面积上的净雨汇集而成，即部分汇流。

$$\tau = 0.278 \frac{h_R}{Q_m} F \ (t_c \leqslant \tau) \tag{7-20}$$

　　（2）当产流历时大于汇流历时，径流最大流量由全流域面积上的净雨汇集而成，即全面汇流。

$$\tau = 0.278 \frac{h_\tau}{Q_m} F \ (t_c > \tau) \tag{7-21}$$

汇流参数为

$$m = \frac{v_\tau}{J^{1/3}Q_m^{1/4}} = \frac{0.278L}{\tau J^{1/3}Q_m^{1/4}} \qquad (7-22)$$

式中，τ 为汇流历时，h；h_R、h_τ 为径流深，mm；Q_m 为流量，m^3/s；F 为流域面积，km^2；t_c 为产流历时，h；v_τ 为流速，m^2/s；L 为河长，m；J 为坡度。

　　对于洪水汇流参数 m 的单站综合来说，为减少上述因素造成的误差，一般建立净雨深 h_R 与 m 或最大径流量 Q_m 与 m 的相关关系，通过均摊不同影响因子对 m 的定量造成的影响，以提高 m 的精度。

　　推理公式参数的综合方法是建立最大流量 Q_m 与汇流参数 m 或净雨深 h_R 与 m 的关系（表 7-13 和表 7-14）。在建立 Q_m-m 或 h_R-m 关系时，选取降雨分布均匀、洪峰流量大、全面汇流的大洪水作为定线的主要依据；而对于洪峰流量偏小、降雨分布较为不均匀的小量级洪水，m 往往会因为数据处理的主观性而导致较大误差，通常只作为定线参考。一般情况下，在 Q_m 和 h_R 达到一定数量级后，汇流参数 m 会趋于稳定，可将该稳定值作为流域会就参数的设计采用值。

表 7-13　推理公式法全面汇流参数表

序号	洪号	Q_m/(m³/s)	h_R/mm	m
1	670803	1 145.94	73.43	1.19
2	680623	376.64	11.57	5.95
3	690415	740.75	31.19	3.91
4	690812	777.73	51.62	5.68
5	700419	360.89	14.52	4.12
6	700803	1 078.09	37.63	1.03
7	700928	338.14	22.52	4.93
8	710723	851.46	60.58	1.55
9	720508	1 051.60	34.50	6.49
10	720616	416.21	11.37	2.36
11	721108	1 390.59	84.10	4.57
12	730604	409.48	19.66	2.56
13	730812	1 031.05	85.08	1.15
14	740719	689.94	27.49	2.73
15	740723	1 142.83	92.50	1.39
16	750511	329.08	13.65	3.73
17	750814	446.29	47.66	1.09
18	760419	398.48	10.79	6.64
19	760529	343.25	10.10	4.13
20	780827	749.92	59.95	1.26

续表

序号	洪号	$Q_m/(\text{m}^3/\text{s})$	h_R/mm	m
21	781002	346.34	55.10	2.53
22	800628	514.36	29.11	1.94
23	810701	465.83	31.17	1.70
24	840906	277.42	18.84	2.07
25	920614	595.89	12.79	6.11
26	970823	665.27	89.90	0.88
27	010702	442.93	30.18	4.56
28	010707	677.64	36.57	1.91
29	110930	731.95	57.94	1.28

表 7-14　推理公式法部分汇流参数表

序号	洪号	$Q_m/(\text{m}^3/\text{s})$	h_R/mm	m
1	670817	250.04	12.94	2.57
2	671108	697.72	67.46	1.08
3	680610	375.05	20.22	1.26
4	680615	962.05	37.70	0.99
5	690729	1 093.90	100.81	1.00
6	710628	311.91	16.59	2.36
7	720520	334.09	25.35	1.63
8	720618	368.12	22.62	1.96
9	740907	388.03	61.69	0.75
10	760807	289.09	16.19	2.29
11	790803	438.61	24.32	2.08
12	800508	369.76	17.99	2.48
13	810930	323.76	25.51	1.58
14	820801	352.19	22.62	1.90
15	830301	277.01	15.91	2.26
16	840812	488.38	41.02	1.34
17	850922	530.35	38.17	1.57
18	860811	296.47	21.78	1.73
19	870527	361.66	14.83	2.96
20	870604	917.81	39.03	2.26
21	880412	374.86	14.76	3.05
22	880805	324.24	15.83	2.55

序号	洪号	Q_m/(m³/s)	h_R/mm	m
23	881106	266.04	11.43	3.04
24	890601	303.26	16.04	2.39
25	910703	306.15	22.49	1.72
26	910724	543.06	34.78	1.71
27	920404	278.49	9.33	3.86
28	920723	980.56	66.98	1.38
29	930821	441.55	60.40	0.84
30	930918	285.82	21.75	1.69
31	940705	352.71	36.61	1.17
32	940725	323.76	20.28	1.99
33	940828	418.67	46.13	1.06
34	950805	270.54	10.91	3.23
35	950901	960.01	51.98	1.75
36	951003	499.01	58.11	0.96
37	960419	613.39	14.89	4.37
38	960525	333.05	14.35	2.87
39	970704	396.66	17.36	2.70
40	970808	816.66	35.03	2.30
41	980703	292.47	23.16	1.61
42	980705	255.75	13.31	2.54
43	990624	381.43	21.56	2.12
44	001022	296.23	22.81	1.65
45	010607	317.26	17.81	2.23
46	020324	363.23	16.92	2.60
47	030628	262.01	17.08	2.01
48	030724	283.16	21.55	1.69
49	040719	429.13	15.78	3.16
50	050927	247.78	21.79	1.51
51	060717	383.63	22.27	2.06
52	060804	477.37	63.12	0.85
53	080606	721.10	71.58	1.03
54	080925	231.92	23.43	1.34
55	090704	394.50	23.01	2.03
56	090806	561.67	48.64	1.25

续表

序号	洪号	$Q_m/(\text{m}^3/\text{s})$	h_R/mm	m
57	090915	398.37	19.53	2.41
58	100429	478.21	20.78	2.60
59	100628	358.29	15.78	2.76
60	100723	333.24	30.95	1.33
61	110629	663.77	36.01	0.64
62	130814	993.18	38.45	2.43
…	…	…	…	…

　　通过以上计算结果，建立上述关系曲线如图 7-7 和图 7-8 所示，在绘制曲线过程中应以洪水量级较大、降雨分布均匀，全面汇流的场次洪水作为主要依据，其他部分汇流洪水仅提供参考作用。可以看出，汇流参数 m 随着洪水量级的增大有减小的趋势直到最后趋于稳定，这种 m 随净雨深 h_R、洪峰流量 Q_m 增大而减小的规律，

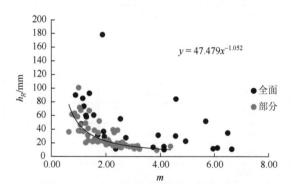

图 7-7　净雨深 h_R 和汇流参数 m 关系图

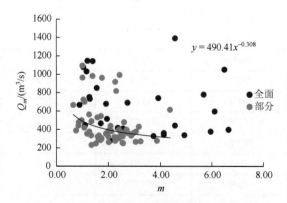

图 7-8　洪峰流量 Q_m 与汇流参数 m 的关系图

主要是由于降雨量较小时，土壤吸水未饱和，壤中流不能及时回归河槽，洪水过程线显瘦高，历时较短，m 较大；当降雨量增大，降雨历时变长，壤中流在土壤吸水饱和后能回归河槽，形成的径流量大，洪水过程线底部丰满，m 较小。

3. 单位线参数 m_1 单站综合

单位线滞时 m_1 是净雨过程的形心与地表径流过程形心之间的时距，代表工程集水区域上各点的净雨汇集到工程所在河流断面的平均时间，即"流域汇流"的平均传播时间。在给定一场洪水流域面平均时段净雨过程及其相应的地表径流过程，在选定纳希模型的基础上，可先通过矩法求解一对纳希模型参数作为计算初始值（n，K）。矩法计算单位线初始参数过程如下。

瞬时单位线的一阶原点矩 u_1' 和二阶面积中心矩 u_2 为

$$\mu_1' = nK \tag{7-23}$$

$$\mu_2 = nK^2 \tag{7-24}$$

从瞬时单位线、净雨过程与流量过程的关系可推导出

$$u_1' = Q_1' - I_1'$$

$$u_2 = Q_2 - I_2$$

即

$$n = \frac{(Q_1' - I_1')^2}{Q_2 - I_2} \tag{7-25}$$

$$K = \frac{Q_2 - I_2}{Q_1' - I_1'} \tag{7-26}$$

其中，Q_1'、I_1' 分别为流量、净雨过程的一阶原点矩（净雨起点与流量起涨点可能不一致，在求矩过程中，两者原点可分别取用，不要求时间上一致）；Q_2、I_2 分别为流量、净雨过程的二阶原点矩，即

$$Q_1' = \frac{\sum Q_i M_i}{\sum Q_i} \Delta t ; \quad Q_2 = \frac{\sum Q_i M_i^2}{\sum Q_i} \Delta t^2 \tag{7-27}$$

$$I_1' = \frac{\sum I_i t_i}{\sum I_i} ; \quad I_2 = \frac{\sum I_i t_i^2}{\sum I_i} \tag{7-28}$$

式中，t_i 为各净雨时段中心到起点的距离；M_i 为时段序数。

由式（7-25）和式（7-26）求出 n、K 后就可以求出 m_1

$$m_1 = nK \tag{7-29}$$

根据曹江流域洪水实测资料，选择较为孤立的大、中量级洪峰流量大于 $500\ \mathrm{m^3/s}$ 共 13 场的雨洪资料，分析主净雨强度及瞬时单位线法参数（表 7-15）。其中计算时段的确定，主要根据流量过程线的涨落趋势，并以涨洪段至少有 2～3 个控制点为标准，同时考虑降雨强度在一个时段内尽量均匀等要求取 $\Delta t = 1\ \mathrm{h}$。

表 7-15　曹江流域各次洪水汇流系数

序号	洪号	i/(mm/h)	m_1	n	K
1	670803	10.74	4.56	1.36	1.36
2	740719	12.29	4.63	2.61	1.77
3	790803	6.50	6.26	6.46	0.97
4	840812	8.88	8.64	1.10	7.87
5	910724	5.42	6.36	3.33	1.91
6	920723	11.90	6.64	4.03	1.65
7	950901	18.35	4.87	5.99	0.81
8	951003	9.74	8.46	1.60	5.29
9	970808	14.24	5.04	4.66	1.08
10	060804	8.77	6.43	2.33	2.75
11	090806	7.34	8.44	1.94	4.34
12	100921	18.46	5.50	1.42	3.87
13	130814	17.72	4.04	1.43	2.83

注：n、K 为 Nash 单位线参数。

　　根据表 7-15 可以建立雨强 i 与汇流参数 m_1 的幂指数关系（图 7-9）。可以看出，m_1 与 i 关系较为密切且呈指数规律变化，按其特点定线并经最小二乘法计算的待定参数分别为：$\alpha = 15.088$、$\beta = 0.39$。在雨强较小时，单位线滞时变化幅度大，随着雨强的逐步增大，滞时 m_1 变幅减小，符合单位线滞时的实际物理意义：净雨强度增大，流域汇流速度加快，单位线会越显瘦高；在净雨强度增大到一定程度时，单位线滞时变化很小，这种现象与汇流速度随径流深的增大趋于稳定的实际相符。

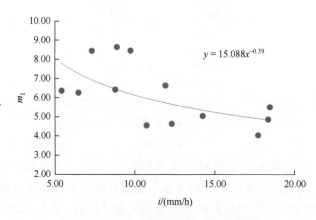

$$y = 15.088x^{-0.39}$$

图 7-9　雨强 i 与汇流参数 m_1 的关系图

　　区域内水文气候、地理特性差异大，暴雨时空分布极不均匀，同一流域各场次洪水汇流参数随净雨强度的变化是客观存在的。因此，当采用暴雨途径推求设计洪水时应考虑主净雨强度的影响因子，包括第 3 章介绍到的雨型、暴雨强度公式等。由于暴雨空间分布不均匀性、水源组成比例及基流不同，造成滞时与净雨强度关系非线性的因素较多，但主要是各时段净雨强度。因此，还有待进一步研究各时段变雨强对一次洪水汇流参数的影响问题。

7.6　本 章 小 结

　　本章概述了中小流域设计暴雨洪水产汇流参数计算方法和参数综合方法，并以典型流域开展了产汇流计算和参数综合，主要结论如下。

　　（1）选择曹江流域久旱未雨后降雨较大且产生径流的资料，认为该次降雨的前期土壤含水量 P_a 接近于 0。选取 K 的平均值 0.95 为日折减系数 K 计算 P_a 的值，K 值大，土壤含水量消退慢。根据预计的降雨过程及降雨开始时的 P_a 累计各时段的降雨在图上查出径流深，从而预报各时段的水位值。当 R_s 等于 0 时，临界产流的情况下最大的前期损失量 I_0 数值为 101.99 mm。

　　（2）建立 m 与净雨深 h_R、洪峰流量 Q_m 关系曲线，m 随净雨深 h_R、洪峰流量 Q_m 增大而减小的规律。当降雨量较小时，土壤吸水未饱和，壤中流不能及时回归河槽，洪水过程线显瘦高，历时较短，m 较大；当降雨量增大，降雨历时变长，壤中流在土壤吸水饱和后能回归河槽，形成的径流量大，洪水过程线底部丰满，m 较小。

　　（3）建立瞬时单位线参数 m_1 与雨强 i 的关系曲线，m_1 与 i 关系较为密切且呈指数规律变化，按其特点定线并经最小二乘法计算的待定参数分别为：$\alpha = 15.088$、$\beta = 0.39$。在雨强较小时，单位线滞时变化幅度大，随着雨强的逐步增大，滞时 m_1 变幅减小。

参 考 文 献

柏绍光，黄英，方绍东，等，2008. 资料匮乏地区小流域洪水汇流参数移用分析[J]. 水电能源科学，26（3）：21-24.

曹世惠，柏绍光，2002. 由实测暴雨推求设计洪水方法的探讨[J]. 水文，22（1）：38-40.

陈家琦，张恭肃，2005. 推理公式汇流参数 m 值查用表的补充[J]. 水文，25（4）：37-38.

陈明，傅抱璞，于强，1995. 山区地形对暴雨的影响[J]. 地理学报（3）：256-263.

冯平，李建柱，徐仙，2008. 潘家口水库入库水资源变化趋势及影响因素[J]. 地理研究（1）：213-220.

冯焱，1983. 论变动等流时线[J]. 水利学报（9）：70-72.

华士乾，文康，1980. 论流域汇流的数学模型（第一部分非线性模型）[J]. 水利学报，10（5）：1-12..

黄膺翰，周青，2014. 基于霍顿下渗能力曲线的流域产流计算研究[J]. 人民长江，45（5）：16-18，23.

靳春蕾，2005. 城市防洪能力分析研究[D]. 太原：太原理工大学.

李军, 刘昌明, 王中根, 等, 2014. 现行普适降水入渗产流模型的比较研究 SCS 与 LCM[J]. 地理学报, 69 (7): 926-932.

刘昌军, 周剑, 文磊, 等, 2021. 中小流域时空变源混合产流模型及参数区域化方法研究[J]. 中国水利水电科学研究院学报, 1: 99-114.

刘晓燕, 刘昌明, 党素珍, 2019. 黄土丘陵区雨强对水流含沙量的影响[J]. 地理学报, 74 (9): 1723-1732.

秦嘉楠, 2016. 基于"内涝点"的城市防洪模式研究[D]. 太原: 太原理工大学.

芮孝芳, 1999. 利用地形地貌资料确定 Nash 模型参数的研究[J]. 水文 (3): 6-10.

芮孝芳, 2017. 单元嵌套网格产汇流理论[J]. 水利水电科技进展, 37 (2): 1-6.

舒晓娟, 2004. 广州抽水蓄能电站设计洪水研究[D]. 武汉: 武汉大学.

苏伟忠, 汝静静, 杨桂山, 2019. 流域尺度土地利用调蓄视角的雨洪管理探析[J]. 地理学报, 74 (5): 948-961.

王国安, 贺顺德, 李超群, 等, 2011. 论广东省综合单位线的基本原理和适用条件[J]. 人民黄河, 33 (3): 15-18.

吴健生, 张朴华, 2017. 城市景观格局对城市内涝的影响研究: 以深圳市为例[J]. 地理学报, 72 (3): 444-456.

夏军, 1982. 非线性水文系统识别方法的探讨[J]. 水利学报, 8: 24-33.

谢莹莹, 刘遂庆, 信昆仑, 2006. 城市暴雨模型发展现状与趋势[J]. 重庆建筑大学学报, 5: 136-139.

杨家坦, 1981. 小流域汇流非线性模式的研究[J]. 地理学报, 4: 442-449.

叶贵明, 傅世伯, 1982. 从东峡水库洪水复核谈编制《暴雨径流查算图表》的几个问题[J]. 水文 (3): 13-18.

张恭肃, 周天麟, 钮泽宸, 1984. 特小流域 (小于 50 平方公里) 洪水参数分析[J]. 水文 (6): 16-23, 58.

张静怡, 2008. 水文分区及区域洪水频率分析研究[D]. 南京: 河海大学.

张李川, 2017. 小流域雨型对山洪灾害临界雨量的影响研究[D]. 郑州: 郑州大学.

张婷婷, 王铁良, 孙毅, 2007. 城市雨水产汇流过程损失研究[J]. 灌溉排水学报, 26 (4): 180-181.

张一龙, 王红武, 秦语涵, 2015. 城市地表产流计算方法和径流模型研究进展[J]. 四川环境, 34 (1): 113-119.

赵玲玲, 刘昌明, 吴潇潇, 等, 2016. 水文循环模拟中下垫面参数化方法综述[J]. 地理学报, 71 (7): 1091-1104.

郑章忠, 石向荣, 2002. 小流域治理规划中的水文分析[J]. 浙江水利科技, 3: 15-17.

Elsevier, 1985. Chapter I: The drainage basin as a system unit[M]//Ion Z. Developments in Water Science, 9-25.

Gupta V, Waymire E, Wang C T, 1980. A representation of an IUH from geomorphology[J]. Water Resources Research, 16 (5): 855-862.

Iturbe I R, Valdés J B, 1979. The geomorphologic structure of hydrologic response[J]. Water Resources Research, 15 (6): 1409-1420.

Ivanov V Y, Vivoni E R, Bras R L, 2004. Catchment hydrologic response with a fully distributed triangulated irregular network model[J]. Water Resources Research, 40 (11): W11102.

Liang X, Xie Z H, 2001. A new surface runoff parameterization with subgrid-scale soil heterogeneity for land surface models[J]. Advances in Water Resources, 24 (9): 1173-1193.

Rodriguez R L, West R W, Heyneker H L, et al., 1979. Characterizing wild-type and mutant promoters of the tetracycline resistance gene in pBR313[J]. Nucleic Acids Research, 6 (10): 3267-3288.

Sherman L K, 1932. Streamflow from rainfall by the unit graph method[J]. Engineering News Record (108): 501-505.

彩　图

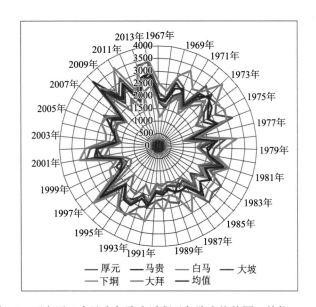

图 3-1　研究区 6 个站点年降水过程及年降水均值图（单位：mm）

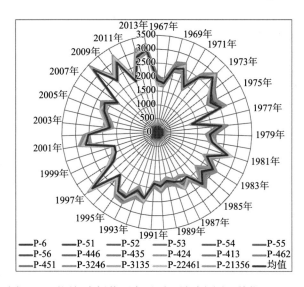

图 3-2　不同组合插值研究区面雨量过程图（单位：mm）

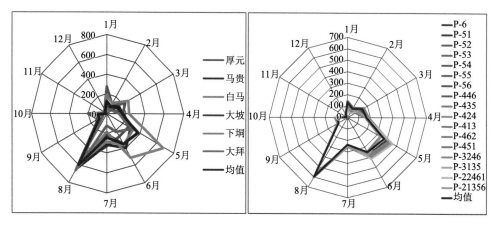

图 3-3　研究区 1975 年实测月降水过程与不同组合插值面雨量过程图（单位：mm）

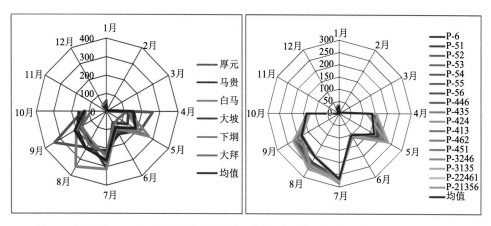

图 3-4　研究区 1977 年实测月降水过程与不同组合插值面雨量过程图（单位：mm）

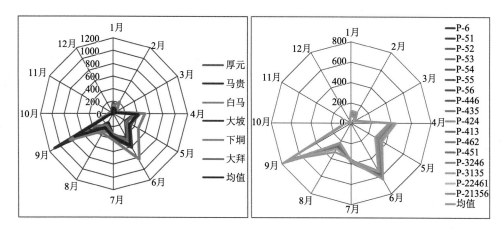

图 3-5　研究区 2010 年实测月降水过程与不同组合插值面雨量过程图（单位：mm）

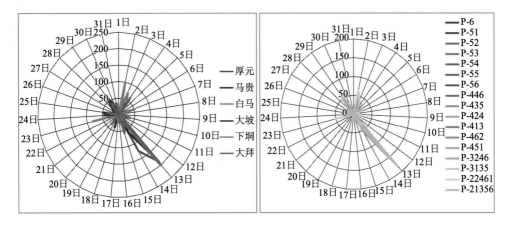

图 3-6 研究区 1975 年 8 月站点实测和不同组合插值日雨量过程（单位：mm）（后附彩图）

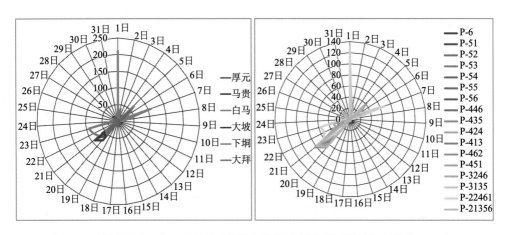

图 3-7 研究区 1977 年 7 月站点实测和不同组合插值日雨量过程（单位：mm）

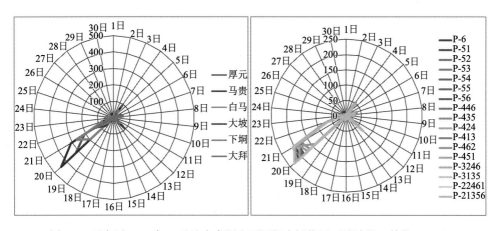

图 3-8 研究区 2010 年 9 月站点实测和不同组合插值日雨量过程（单位：mm）

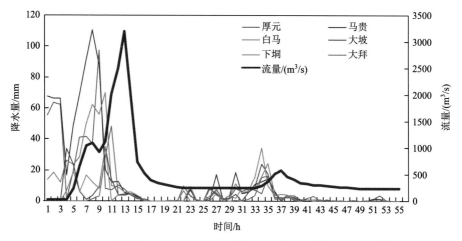

图 3-9 研究区 2010 年"9.21"洪涝灾害各站点降雨与洪水过程

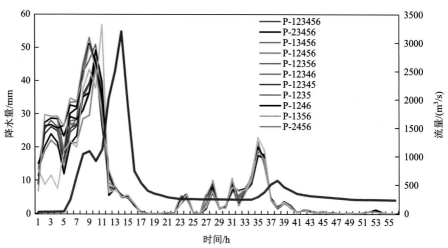

图 3-10 研究区 2010 年"9.21"洪涝灾害不同组合插值降雨与洪水过程

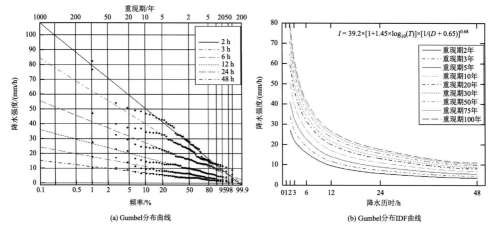

(a) Gumbel分布曲线

(b) Gumbel分布IDF曲线

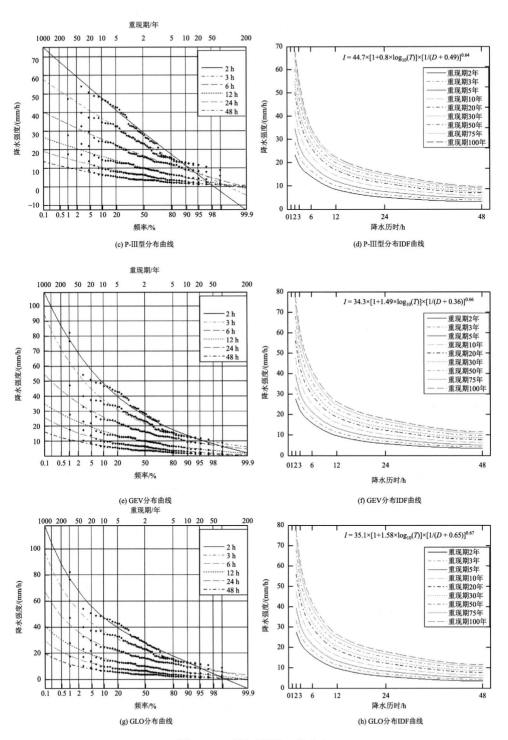

图 3-11　下垌雨量站 4 种分布

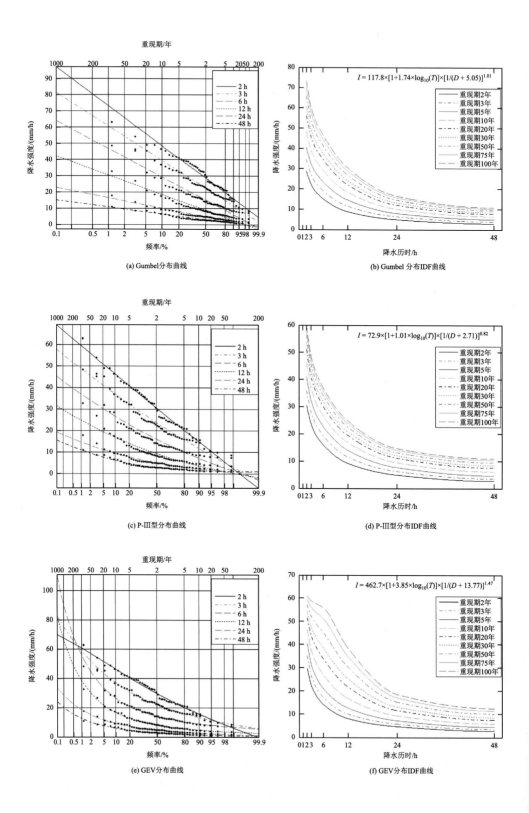

(a) Gumbel分布曲线

(b) Gumbel 分布IDF曲线

(c) P-III型分布曲线

(d) P-III型分布IDF曲线

(e) GEV分布曲线

(f) GEV分布IDF曲线

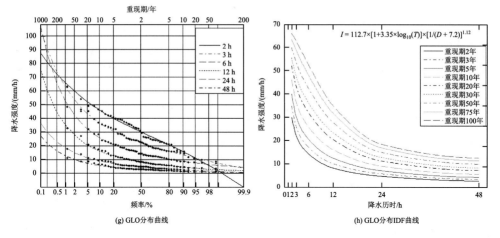

(g) GLO分布曲线

(h) GLO分布IDF曲线

图 3-12　白马雨量站 4 种分布

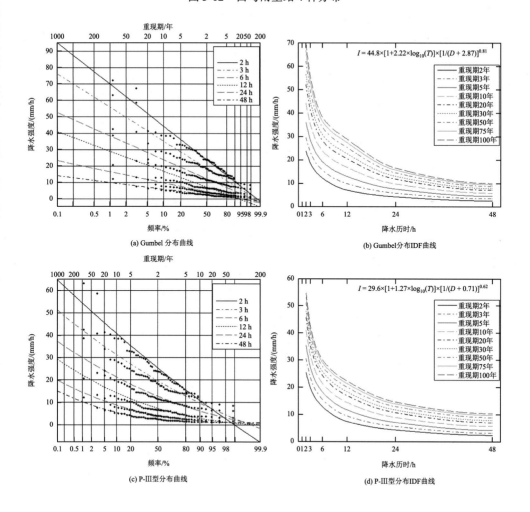

(a) Gumbel 分布曲线

(b) Gumbel分布IDF曲线

(c) P-Ⅲ型分布曲线

(d) P-Ⅲ型分布IDF曲线

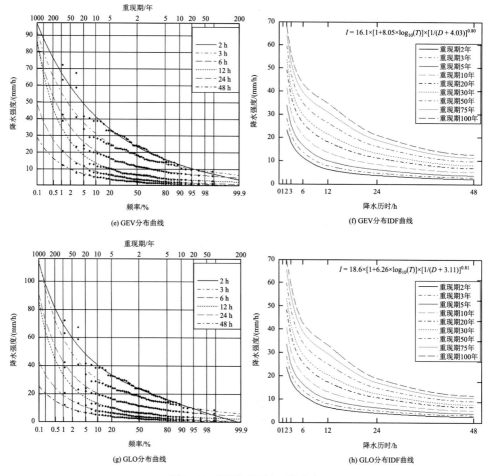

(e) GEV分布曲线

(f) GEV分布IDF曲线

(g) GLO分布曲线

(h) GLO分布IDF曲线

图 3-13　厚元雨量站 4 种分布

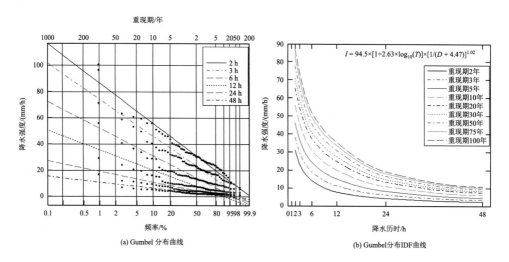

(a) Gumbel 分布曲线

(b) Gumbel分布IDF曲线

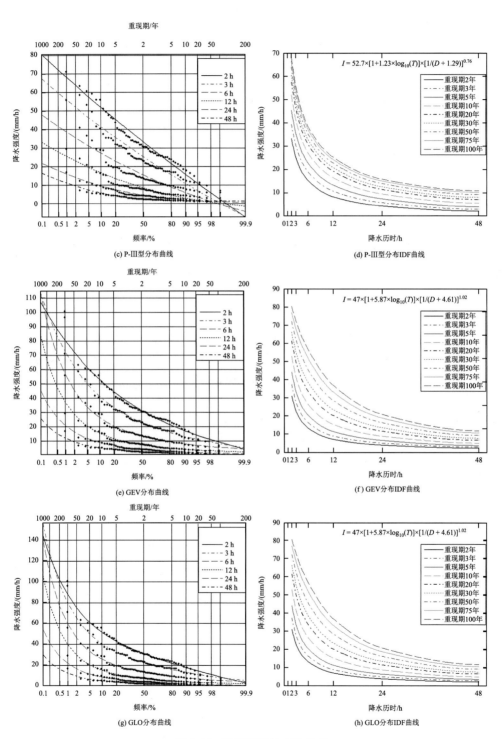

图 3-14　马贵雨量站 4 种分布

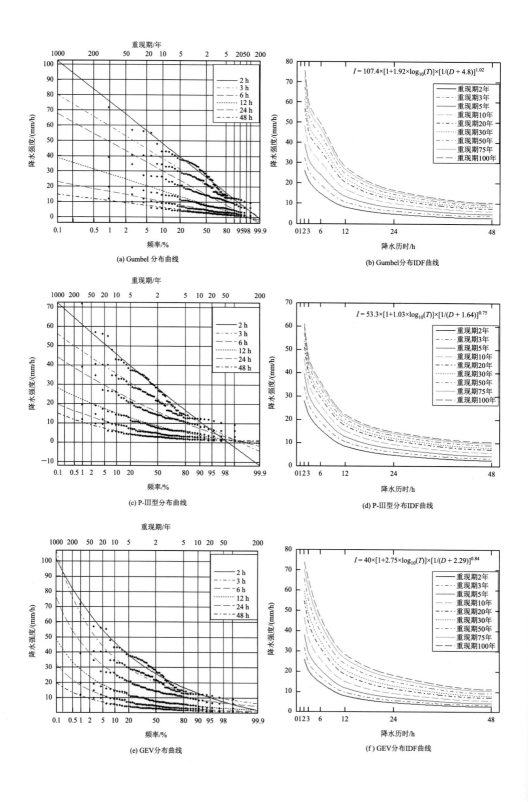

(a) Gumbel 分布曲线

(b) Gumbel分布IDF曲线

(c) P-III型分布曲线

(d) P-III型分布IDF曲线

(e) GEV分布曲线

(f) GEV分布IDF曲线

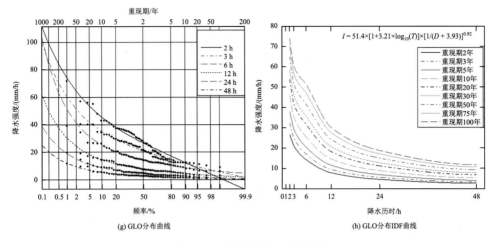

(g) GLO分布曲线

(h) GLO分布IDF曲线

图 3-15　大坡雨量站 4 种分布

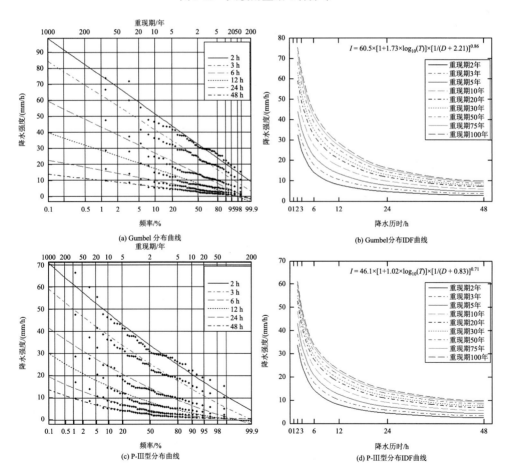

(a) Gumbel 分布曲线

(b) Gumbel分布IDF曲线

(c) P-III型分布曲线

(d) P-III型分布IDF曲线

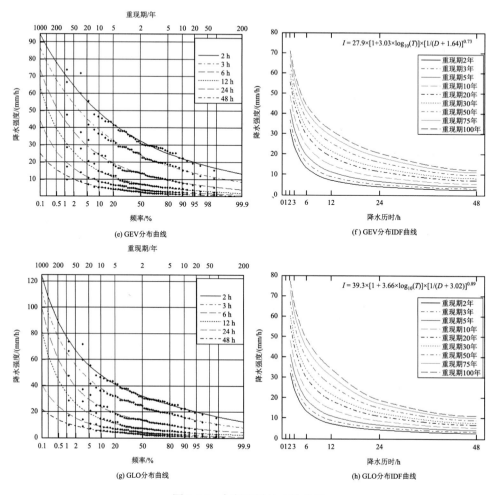

图 3-16　大拜雨量站 4 种分布